《库尔勒香梨栽培实用技术图谱手册》编委会

库尔勒香梨
栽培实用技术图谱手册

KUERLEXIANGLI ZAIPEI SHIYONG JISHU TUPU SHOUCE

郑强卿　支金虎 / 主编

图书在版编目（CIP）数据

库尔勒香梨栽培实用技术图谱手册 / 郑强卿，支金虎主编. -- 兰州 : 兰州大学出版社，2023.5
ISBN 978-7-311-06492-1

Ⅰ. ①库… Ⅱ. ①郑… ②支… Ⅲ. ①梨－果树园艺－技术手册 Ⅳ. ①S661.2-62

中国国家版本馆CIP数据核字(2023)第100674号

责任编辑 米宝琴
封面设计 汪如祥

书　　名 库尔勒香梨栽培实用技术图谱手册
作　　者 郑强卿　支金虎　主编
出版发行 兰州大学出版社　(地址:兰州市天水南路222号　730000)
电　　话 0931-8912613(总编办公室)　0931-8617156(营销中心)
网　　址 http://press.lzu.edu.cn
电子信箱 press@lzu.edu.cn
印　　刷 兰州银声印务有限公司
开　　本 787 mm×1092 mm　1/32
印　　张 5
字　　数 80千
版　　次 2023年5月第1版
印　　次 2023年5月第1次印刷
书　　号 ISBN 978-7-311-06492-1
定　　价 18.00元

前 言

库尔勒香梨是中国国家地理标志产品、新疆维吾尔自治区特产，栽培历史悠久。其以“皮薄肉细、酥脆爽口、汁多甘甜、香味浓郁和耐贮藏”的品质享誉国内外，荣获中国农业博览会名牌产品、昆明世界园艺博览会金奖、中国名优果品、中国驰名商标等多项认证及荣誉称号，是新疆出口最早、历史最长、出口额最大的果品之一，也是新疆出口创汇的拳头产品，深受国内外消费者喜爱。

香梨种植是南疆的特色支柱产业，已有2000多年的历史。截至2021年，新疆香梨园面积达155.23万亩（因本书主要使用对象为一线种植农户，故书中面积用亩表示），产量达202.97万吨，约占全国梨总产量的12%。近年来，果树主干结果型宽行密植栽培模式，有力地引领了库尔勒香梨传统栽培模式的快速转型升级，尤其在果品优质化、生产省力化及成本节约化方面取得了显著成效。但随着香梨树龄增加，栽培模式又有向传统模式迂回的趋势，导致其产量不稳、品质不佳，省工省力不再凸显，原因在于该模式缺少系统直观的可学、可看、可复制的栽培技术。

鉴于以上原因，本书主要面向库尔勒香梨生产一线的种植农户，围绕香梨科普为目的，将栽培技术以图谱形式展现给广大香梨种植农户，一方面普及香梨科普知识，另一方面便于种植农户在田间地头随时可学、可看、可复制相关栽培技术和经验做法，从而为新疆库尔勒香梨可持续、高质量发展贡献科技力量。

由于作者水平有限，编写过程中难免出现疏漏和错误之处，望广大读者批评指正。另外，本书的部分图片来源于网络、部分观点参考了大量专家学者的文献，若在参考文献中没有罗列到，敬请各位老师谅解为盼。

编　者

目 录

第一章　梨树主栽品种

梨，蔷薇科梨属植物，共有30多个种，从栽培上划分为西方梨和东方梨两类。

西方梨或称欧洲梨，也称西洋梨，起源于地中海和高加索。

东方梨或称亚洲梨，绝大多数起源于中国，有砂梨、白梨、秋子梨、新疆梨、川梨及野生褐梨、杜梨、豆梨等原始种。

第一节　传统优良品种

一、秋子梨系统

南果梨

南果梨主要分布在辽宁，平均单果重45 g。果皮黄绿色，阳面有红晕。果形近圆形或扁圆形，果心大，果肉黄白色，味浓香而甜。可溶性固形物14.40%。

京白梨

京白梨主要分布在北京、河北昌黎一带，平均单果重93 g，果形扁圆形。果皮黄绿色，果根基部果肉微有突起。果肉黄白色，具微香。可溶性固形物14.83%。

鸭梨

鸭梨原产河北，在辽宁、湖南、广东均有栽培，单果重150～200 g。果皮绿黄色，皮薄，果形倒卵形，

果梗基部肉质，果肉成鸭头状突起。可溶性固形物11.98%。

二、白梨系统

酥梨（砀山梨）

酥梨原产安徽砀山，分布于华北、西北、黄河故道地区。平均单果重270 g。果皮黄绿色，果形近圆柱形。果肉白色、肉稍粗，汁多味甜，有香气。可溶性固形物12.45%。

茌梨

茌梨原产山东茌平，分布北方各省。单果重220～280 g。果皮黄绿色，果形不整齐，梗洼处常突起，果点大而明显、深褐色。果肉细脆，汁多味浓。可溶性固形物14.15%。

雪花梨

雪花梨原产河北中南部，以赵县最多，在山东、辽宁、陕西、江苏均有栽培。平均单果重300 g。果形长卵圆或长椭圆形，果皮绿黄色，有蜡质。果点褐色，小而密，分布均匀，脱萼。肉白色，脆而多汁，微香味甜。可溶性固形物11.60%。

秋白梨（白梨）

秋白梨原产河北北部，分布绥中、河北昌黎等地区。平均单果重150 g。果形长圆或椭圆形，果皮黄色，有蜡质，较厚。果点小而密，脱萼。肉白细脆，汁多浓甜，果心小。可溶性固形物13.50%。

苹果梨

苹果梨分布在辽宁、甘肃、宁夏、山西、

内蒙古、新疆、西藏等地区。平均单果重250 g，最大可达600 g。果形不规则扁圆形，果皮黄绿色，阳面有红晕，甜酸适度。肉白细脆，汁多微香。可溶性固形物12.80%。

冬果梨

冬果梨主产区在甘肃兰州，在西北、华北地区也有分布。平均单果重157 g。果形倒卵形，皮黄色，薄而光滑。果点小而密，脱萼中等。果心中等。肉白色、稍粗，石细胞较多，肉质松脆，汁多，味甜酸。可溶性固形物13.55%。

库尔勒香梨

库尔勒香梨原产新疆南部，北方各省已引种栽培。单果重80～100 g，最大可达174 g。

果形倒卵形或纺锤形，果皮黄绿色，阳面有暗红色晕，面光滑偶有纵沟，皮薄，果点极小。肉白色，质细酥脆，味浓甜、香气浓郁。可溶性固形物13.30%。

三、砂梨系统

苍溪雪梨（施家梨）

苍溪雪梨原产四川苍溪，陕西、湖北也有栽培。单果重300～500 g。果形长卵圆或葫芦形，果皮黄褐色，有斑点，果点大而稀，果面粗糙，脱萼。果心中大。果肉白色，质脆，石细胞少，汁多味甜。可溶性固形物11.43%。

晚三吉

日本晚熟品种，在青海海东、河北遵化、山东威海栽培。平均单果重196 g。果形卵圆或略扁圆形。果皮褐色，肉白色，质密细脆，汁多味甜。可溶性固形物12.40%。

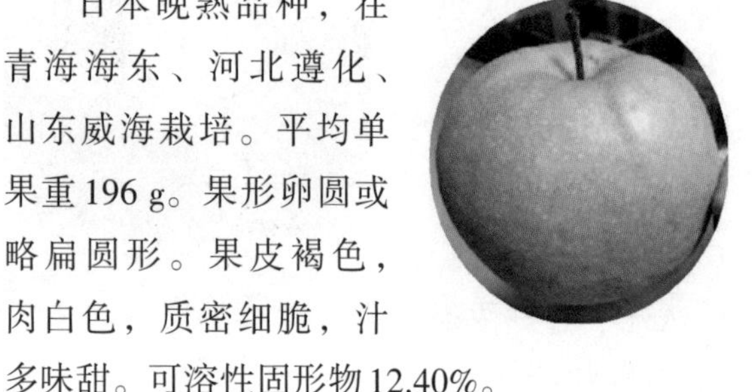

二十世纪

二十世纪原产日本，在辽宁、北京、上海、江苏、浙江也有栽培。平均单果重135 g。果形近圆形，果皮黄绿色，肉白色，质细脆，味甜汁多，石细胞少，早熟、不宜贮藏。可溶性固形物11.10%～14.60%。

四、西洋梨系统

巴梨

巴梨，又名香蕉梨、秋洋梨。其原产英国，系自然实生种。现主要分布在山东胶东半岛，辽宁大连地区。平均单果重250 g。粗颈葫芦形，皮黄色，阳面有红晕。果肉乳黄白色，肉质柔软，易溶汁多，味浓甜、芳香。可溶性固形物13.85%。负载量大，抗寒力弱（-25 ℃严重受冻）。

伏茄梨

伏茄梨，又名白来发（石家庄）、伏洋梨（烟台）。其原产法国，系自然实生种。现主要分布在烟台、威海、郑州等地区。单果重60～80 g。果实细葫芦形，果皮黄绿色，果肉乳白色，肉质细。采摘后经3～5 d后熟，质地变软，

汁多，易溶，味酸甜，具微香。可溶性固形物14.60%～16.00%。抗寒、抗病虫能力强，耐盐碱。极早熟。

第二节　优良新品种

早酥（苹果梨×身不知）

早酥在北方各省均有栽培。单果重200～250 g，倒卵形，顶部突出，常具明显棱沟，皮绿黄色，肉白色，质细酥脆，汁多味甜。可溶性固形物11.00%。8月中旬成熟，不耐贮藏。抗病性差。

锦丰（苹果梨×茌梨）

锦丰在北方各省均有栽培。平均单果重230 g，扁圆形或圆球形，果皮黄绿色，果点大。肉细稍脆，汁多，味酸甜，微香。

可溶性固形物12.00%～15.70%。9月下旬成熟，耐贮藏。抗寒性、抗黑星病强。

中梨1号（新世纪×早酥）

平均单果重220 g，近球形，皮绿色，肉白色，质细脆，味甘甜，多汁。可溶性固形物12.00%～13.50%。山东淄博7月下旬采收。抗病虫能力强。

红香酥（库尔勒香梨×郑州鹅梨）

平均单果重220 g，纺锤形，底色绿黄，果面2/3覆以红色。肉白酥脆，石细胞少，汁多、味甘甜。可溶性固形物13.00%～14.00%。郑州9月中旬成熟，耐贮藏。抗寒，耐旱，耐涝，耐盐碱，抗病力强。

黄冠梨（雪花梨×新世纪）

黄冠梨在天津、江苏、北京、湖南、浙江、青海已引种栽培。平均单果重235 g，椭圆形，果皮绿黄色，肉白色，质细松脆，汁多酸甜，

有蜜香。可溶性固形物11.40%。8月中旬成熟，不耐贮藏。抗黑星病能力强。

金花4号梨（金花梨芽变优系）

单果重415～462 g，椭圆形或长卵圆形，果皮黄色，蜡质多，有光泽。果点中大，黄褐色。肉质较细，松脆多汁，石细胞少，味甜。可溶性固形物12.70%～17.00%。花粉量大，早果性，丰产性强。10月上中旬成熟，抗病性强，耐贮藏。

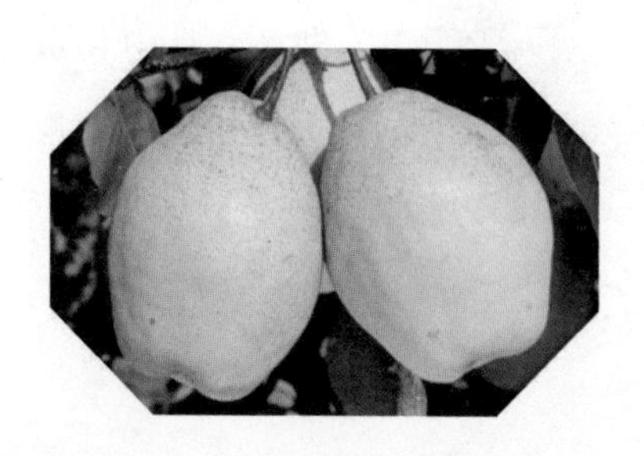

七月酥（幸水×早酥）

平均单果重220 g，卵圆形，果皮黄绿色，果面洁净、光滑，果点小而密。果心小，肉白色，石细胞极少，汁液多，质细嫩酥脆。可溶性固形物12.50%～14.50%。郑州7月上旬成熟，不耐贮藏。较抗寒、抗旱，抗病性差。

硕丰梨（苹果梨×酥梨）

平均单果重250 g，近圆形或阔倒卵圆形，果皮底色绿黄具红晕。肉白色，质细松脆，味甜至酸甜，汁多。可溶性固形物12.00%～14.00%。山西晋中9月初成熟。抗寒、耐旱，抗病力强。

晋酥梨（鸭梨×金梨）

单果重200～250 g，不整齐椭圆形，果皮薄、黄绿色，蜡质明显。肉白色、质细而脆，汁多，有香气，酸甜适度，果心小。可溶性固形物11.00%～13.70%。9月下旬成熟，耐贮藏。较抗寒，抗黑星病能力强。

黄花梨（黄蜜×三花）

平均单果重216 g，最大可达400 g。果实近圆形，果皮黄褐色，果面平滑。肉白色，质细嫩，汁液多，味甜。可溶性固形物11.70%。8月中旬成熟，较耐贮运。易形成短果枝群，抗逆性强。

翠冠［幸水×（杭青×新世纪）］

平均单果重230 g，最大可达500 g。果实长圆形，果皮黄绿色，平滑，少量锈斑。肉白色，石细胞少，质细嫩疏脆，汁多，味甜。果心小。可溶性固形物11.50%～13.50%。7月底至8月初成熟，抗逆性强。

西子绿［新世纪×（八云×杭青）］

平均单果重190 g，最大可达300 g。果实扁圆形，果皮黄绿色，果面平滑，有光泽，有蜡质。肉白色，石细胞少，质细嫩松脆，味甜。果心小。可溶性固形物12.00%。7月中旬成熟。

雪青（雪花×新世纪）

平均单果重230 g，最大可达400 g。果实圆形，果皮黄绿色，果面光滑。肉白色，果心小，肉质细脆，汁多，味甜。可溶性固形物12.50%。7月下旬成熟，丰产、稳产、抗性强。

大南果梨（南果梨大果型芽变）

平均单果重125 g，最大可达214 g。果实扁圆形，果皮黄绿色，有红晕。肉白色，果心小，肉质细脆。经7～10 d后熟，果肉变软，易溶，味酸甜，有香味。可溶性固形物15.50%。9月上旬成熟。不耐贮运，抗性强。

金水2号梨（长十郎×江岛）

平均单果重183 g，最大可达500 g。果实圆形或倒卵圆形，果皮黄绿色，果面平滑，少量锈斑。肉白色，石细胞少，质细嫩酥脆，无香气。果心中大。可溶性固形物11.40%。7月下旬成熟，耐贮性较差。

寒香梨（延边大香水×苹香）

单果重150～170 g，近圆形。果皮黄绿色，有红晕。肉白色，果心小而密，后熟后变软，肉质细腻，多汁，味酸甜，有香气。可溶性固形物14.40%。9月下旬成熟。耐贮运，抗寒性强。

第三节　近年来引进的优良新品种

黄金梨

该品种由韩国引进，是以新高×二十世纪为亲本杂交培育的优良品种。

平均单果重430 g，最大可达500 g以上。果实近圆形，果皮乳黄色，细薄光滑。肉白色，果心小，石细胞极少，肉质细腻，多汁，甜而清爽。可溶性固形物14.90%。9月中旬成熟。

大果水晶

该品种由韩国引进，是新高品种芽变的优良品种。

平均单果重500 g以上。果皮黄绿色，有透明感。肉乳白色，质细松脆，汁多，味甜，无香气。可溶性固形物12.00%。10月上旬成熟，极易成花，丰产。耐贮运。

园黄

该品种由韩国引进，是以早生赤×晚三吉为亲本杂交培育的优良品种。

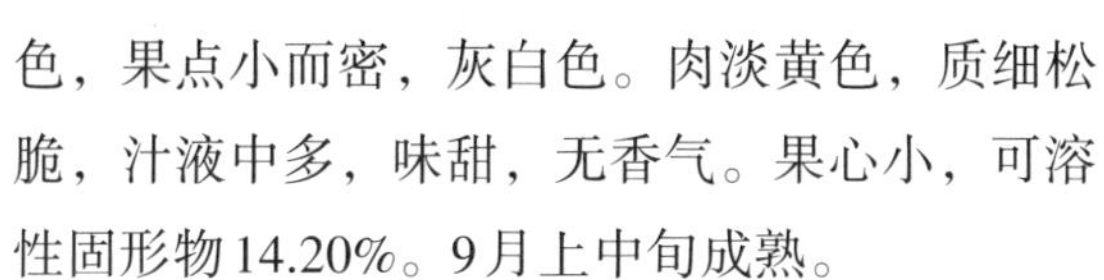

平均单果重260 g，圆或扁圆形，果皮褐色，果点小而密，灰白色。肉淡黄色，质细松脆，汁液中多，味甜，无香气。果心小，可溶性固形物14.20%。9月上中旬成熟。

晚秀

该品种由韩国引进，是以单梨×晚三吉为

亲本杂交培育的优良品种。

平均单果重660 g，最大可达800 g以上。果实扁圆形，果点中等大而密、黄褐色。皮薄、有光泽。肉白色、质细，石细胞少，无渣，多汁。可溶性固形物14.00%～15.00%。10月下旬成熟。抗干旱、耐瘠薄。

爱甘水

该品种由日本引进，是以长寿×多摩为亲本培育的优良品种。

平均单果重400 g，最大可达800 g以上。果实圆形或扁圆形，果皮褐色，皮薄、有光泽。肉质细腻，多汁。可溶性固形物13.00%。河北深州7月下旬成熟。

新高

该品种由日本引进，是以天之川×今村秋为亲本杂交培育的优良品种。

单果重 410～450 g。果实圆形或圆锥形，果皮黄褐色，果点大、中密，面粗糙。果心小，肉乳白色，肉质中粗、松脆，多汁，味酸甜适度，无香气。可溶性固形物 12.50%。10 月中下旬成熟。

丰水

该品种由日本引进，是以（菊水×八云）×八云为亲本杂交培育的优良品种。

平均单果重 163 g，最大可达 230 g 以上。果实圆形，果皮锈褐色，果面粗糙，有棱沟，果点大、多，果心中大。肉黄白色，肉质细嫩，多汁，味甜，石细胞少。可溶性固形物 9.60%～13.30%。8 月下旬成熟。

南水梨

该品种由日本引进，是以越后×新水为亲本杂交培育的优良品种。

平均单果重360 g，最大可达500 g以上。果实扁圆形，果皮黄赤褐色，果面光滑。肉白色，肉质中细，味甜，汁多。可溶性固形物14.60%。9月上旬成熟。

金二十世纪

该品种由日本引进，是二十世纪辐射诱变而成的品种。

单果重300～500 g，果实圆形。果皮黄绿色，果点大，分布密，有果锈。果肉黄白色，肉质细软，有酸味、香味，果汁多。可溶性固形物13.10%。10月上旬成熟，耐贮运。

红安久梨

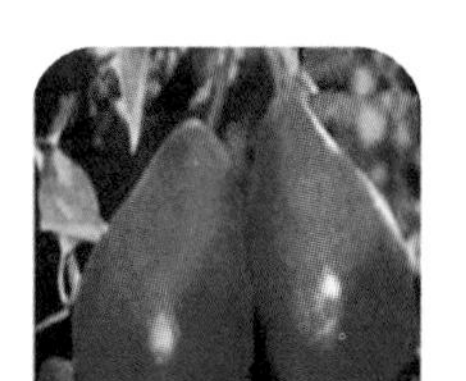

该品种由美国引进，是安久梨的浓红型芽变品种。

平均单果重230 g，最大可达500 g。果实葫芦形，果皮紫红色，果面光亮平滑，果点中多。肉乳白色，质细，石细胞少，酸甜多汁，有芳香。可溶性固形物14.00%。9月下旬至10月初成熟。耐贮藏。

红巴梨

该品种由美国引进，是巴梨的红色芽变品种。

平均单果重214 g。果实葫芦形，果皮紫红色，蜡质多，果点小、疏。肉白色，石细胞极少，味香甜，香气浓。可溶性固形物13.80%。8月下旬成熟。耐贮藏。

粉酪

该品种由意大利引进，是以Coscia × Beurre

Clairgeau为亲本杂交培育而成的优良品种。

平均单果重325 g。果实葫芦形，果皮底色黄绿，有60%红晕，果面光洁，果点小、密，萼片宿存。肉白色，石细胞极少，味甜、香气浓。可溶性固形物13.80%。8月上旬成熟。抗病力较强，对火疫病敏感。

第四节　新疆主栽梨品种

库尔勒香梨

原产新疆库尔勒地区，新疆梨地方品种。果实小，平均单果重110 g，倒卵圆形或纺锤形。果皮黄绿色，阳面有暗红色晕。

果面光滑，果点小，不明显。果肉白色，肉质细嫩疏松，香味浓郁，汁多，味甜，酥脆爽口。可溶性固形物13.30%。

早酥梨

早酥梨由中国农业科学院果树研究所育成，1971年引入兵团，在二师种植较多。平均单果重268 g，圆锥形。果肉白色，肉质细脆，汁液较多，味淡甜。可溶性固形物11.00%～14.00%。

砀山酥梨

砀山酥梨原产于砀山，果实硕大，平均单果重300 g，倒卵圆形或圆形，皮黄白色，果点中等、褐色。果心中等。肉乳白色，肉质松脆，多汁、味甜，无香气。可溶性固形物11.40%。耐贮藏，品质佳。

新梨7号

新梨7号由塔里木大学培育，亲本为库尔勒香梨×早酥梨。平均单果重209 g，果实卵圆形，果皮绿色，阳面有暗红晕，有光泽。果点

中等大、棕褐色，萼片残存。果心中等大。肉白色，质细松脆，石细胞少，多汁，无香气。可溶性固形物12.40%。

鸭梨

鸭梨为河北省古老地方品种，树势健壮，树皮暗灰褐色，一年生枝黄褐色，多年生枝红褐色，成枝率低。叶片广卵圆形，先端渐尖或突尖，基部圆形或广圆形。果实倒卵圆形，近梗处有鸭头状突起，果面绿黄色，近梗处有锈斑。肉质极细酥脆，清香多汁，味甜、微酸，丰产性好。

苹果梨

果形似苹果，为扁圆锥形。果个特大，平均单果重250 g，最大单果重可达600 g。果皮底色绿黄色，阳面着鲜红色。果心小，果肉乳白色，肉质细、脆，石细胞极少，汁液丰富，

甜酸适度。极耐贮藏，在普通菜窖中可贮藏至翌年5、6月，贮后底色变为黄色，鲜红色更加明显，果肉硬度、风味不变。在吉林延边，苹果梨9月下旬果实成熟，是晚熟品种。

玉露香梨

玉露香梨是山西省农科院果树研究所以库尔勒香梨为母本、雪花梨为父本杂交育成的优质中熟梨新品种。

平均单果重236.8 g，最大单果重可达450 g。果实近球形，果面光洁、细腻、具蜡质，保水性强。阳面着红晕或暗红色纵向条纹，采收时果皮黄绿色，贮后呈黄色，色泽更鲜艳。果皮薄，果心小，可食率高(90%)。可溶性固形物含量12.50%～16.10%。耐贮藏。

秋月梨［（新高×丰水）×幸水］

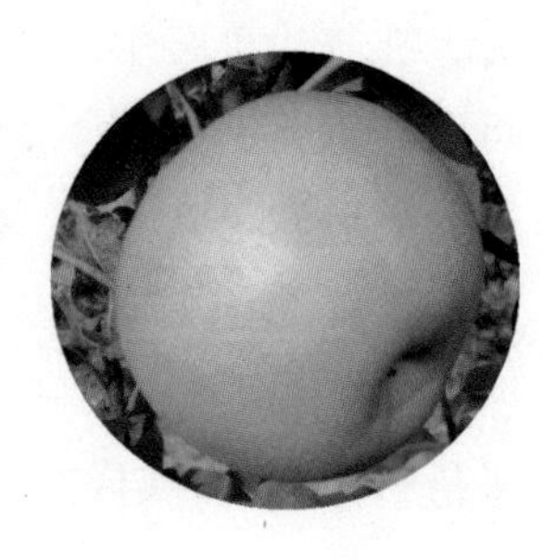

该品种为晚熟砂梨品种，2002年引入中国。汁多甘甜，具有耐贮藏特性，长期贮藏后也可以味正、口感脆，产量高。果树生长健壮，枝条粗大，萌芽率低，成枝力较强，易形成短果枝。果实近圆形，果形指数0.84左右，单果重400～500 g。果实属于大型果，果皮呈金黄色，外观极其漂亮。果肉乳白色，果核小，可食率可达95%以上，可溶性固形物含量14.50%左右。肉质细脆，石细胞极少，品质上等，以独特的清香味而闻名。

第二章　库尔勒香梨树整形修剪技术

第一节　生物学特性

一、根系

该树根系发达，垂直根深可达2～3 m以上，水平根分布较广，为冠幅的2～4倍，20～60 cm分布最密，且土壤含水量在15%～20%较适宜根系生长。其适宜沙质壤土。

二、芽

1.花芽

花芽指芽内包含有花器官的芽，属于混合芽，即除了有花器官外，还有枝叶器官，萌发后能开花结果，并且能抽生长叶。

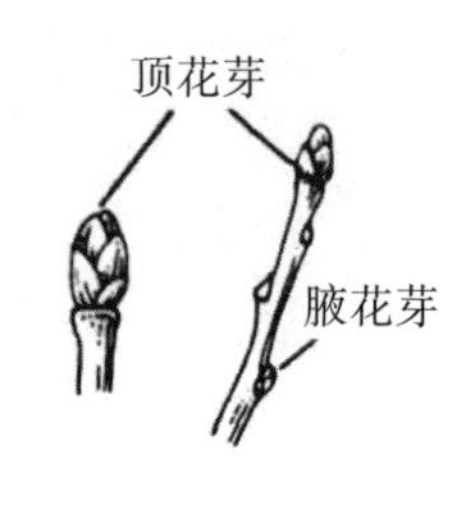

花芽芽体比较肥大而充实，萌发后会抽生枝梢，在枝梢的顶端开花结果。

2.叶芽

叶芽指芽内不包含花器官，萌发后只能抽生枝叶的芽。叶芽芽体比较瘦小，先端尖，着生在枝条顶端的叶芽较圆而大，着生于枝条叶腋间的侧生叶芽较小而尖。

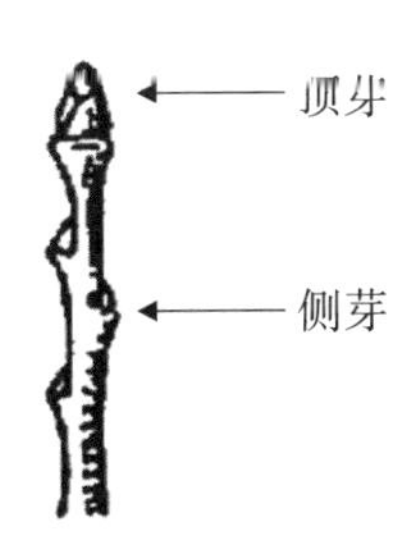

3.副芽

副芽指着生在枝条基部侧方的芽。其通常不萌发，受到刺激会抽生枝条，有利于树冠更新。

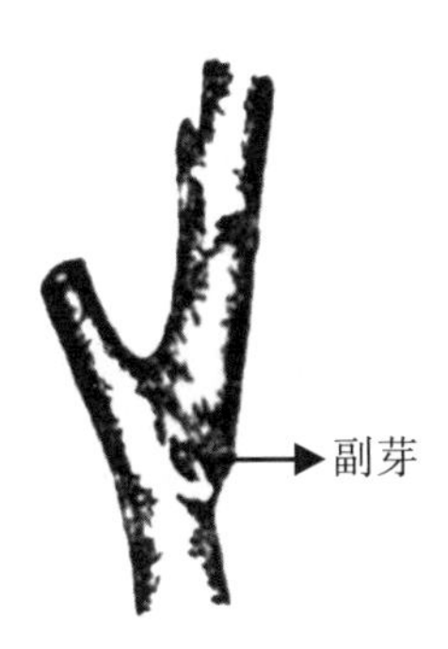

4.潜伏芽

潜伏芽着生在枝条基部，在一般情况下不萌发，但受到某种刺激，如枝条上部损伤、重短截等，养分转向潜伏芽，可促其萌发。

三、花

1.花芽分化

花芽分化分为生理分化期、形态分化期和性器官形成三个时期。

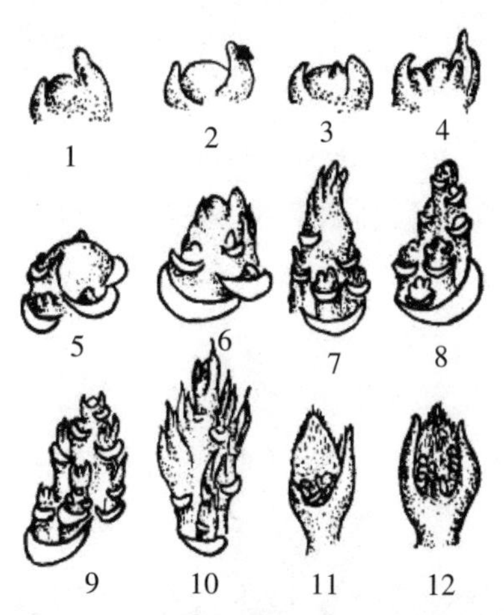

1.未分化　2.分化第一期　3.分化第二期　4.分化第三期　5～8.侧花分化期　9.顶、侧花萼片形成期，侧花发育的早期　10.花瓣形成期　11.雄蕊形成期　12.雌蕊形成期

2.开花

梨花为伞房花序，两性花，花瓣近圆形或

宽椭圆形，为先叶开放。栽培种花柱3～5，子房下位，3～5室，每室有2胚珠。花序基部花先开，先端中心花后开，先开的花坐果好。授粉到受精需48 h以上。

四、果

坐果初期，纵径生长在花后5 d，横径生长为花后21 d；体积快速增长在花后70多天；鲜重增长基本与体积一致；干重迅速增长稍早于体积和鲜重。

第二节　常见修剪技术方法

一、短截

短截是对该树的一年生枝条剪去一部分，保留一部分的方法。短截的程度可以分为轻短截、中短截、重短截和极重短截4种。

1. 轻短截

轻短截指仅剪去枝条的顶端部分，大约截去枝条全长的1/4。一般剪口下选留弱芽或次饱满芽。

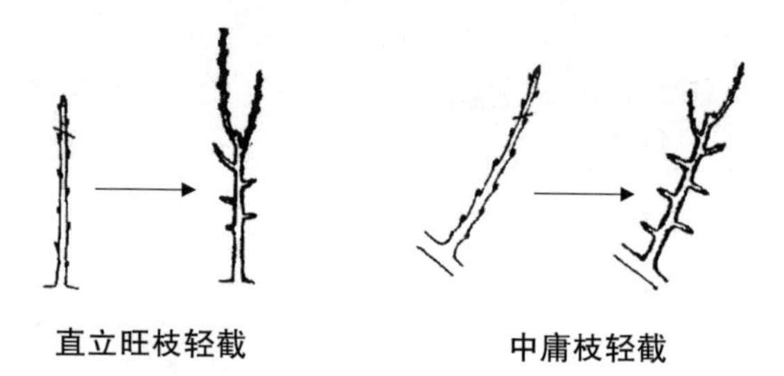

直立旺枝轻截　　中庸枝轻截

2. 中短截

中短截指在一年生枝中部的饱满芽处剪截，截去枝条全长的1/4～1/2。中短截加强了剪口以下芽的活力，从而提高萌芽率和成枝力，促进生长势。

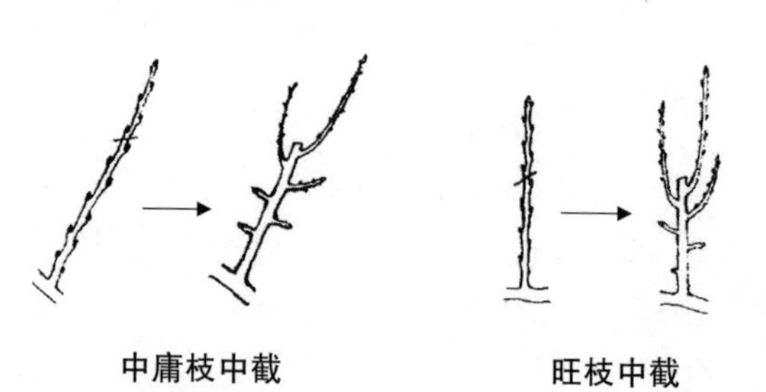

中庸枝中截　　旺枝中截

3. 重短截

重短截指在枝条下部或基部次饱满芽处剪截，剪去枝条的大部分，一般为枝条全长的1/2～3/4。由于剪去的芽多，枝势集中到剪口芽，可以促使剪口下萌发1～2个旺枝及部分中短枝。重短截通常在对某些枝条既要保留利用，又要控制生长部位和生长势时采用，常用于控制竞争枝、直立枝或培养小型枝组。

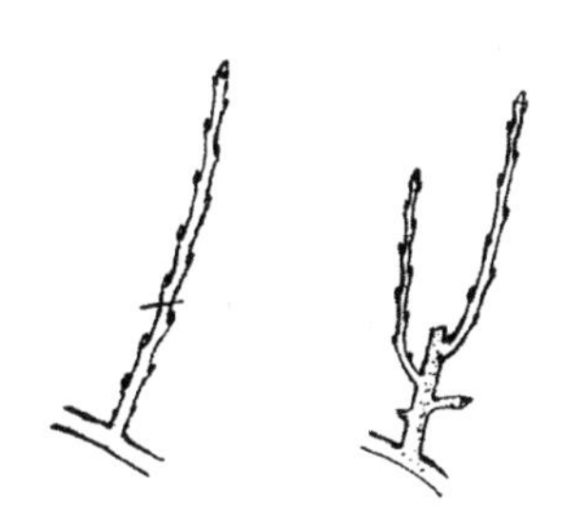

4. 极重短截

极重短截指在枝条基部轮痕处剪截，剪口下留弱芽或芽鳞痕，促使基部隐芽萌发。剪后一般萌发1～2个中庸枝，削弱枝条生长势、降低枝位。有些部位需要留枝，但原有枝条生长势太强，可采取极重短截，以强枝换弱枝。

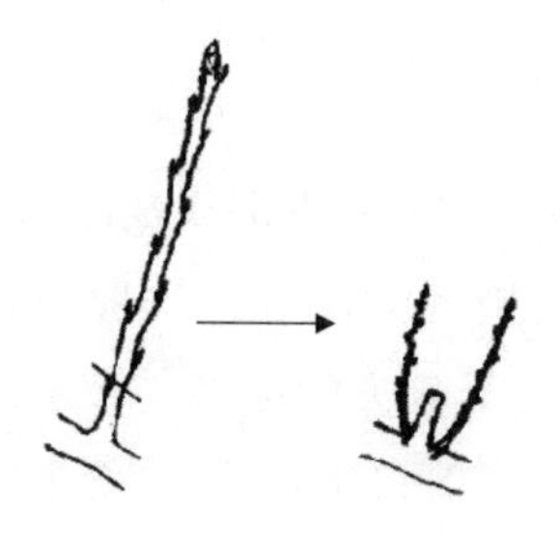

二、疏剪

将一个一年生或多年生枝条从基部全部剪除或锯掉叫疏剪。

疏剪适用于去除影响光照的过密大枝、交叉枝、重叠枝、竞争枝、徒长枝、病虫枝、枯死枝、衰弱枝和过多的弱果枝等。

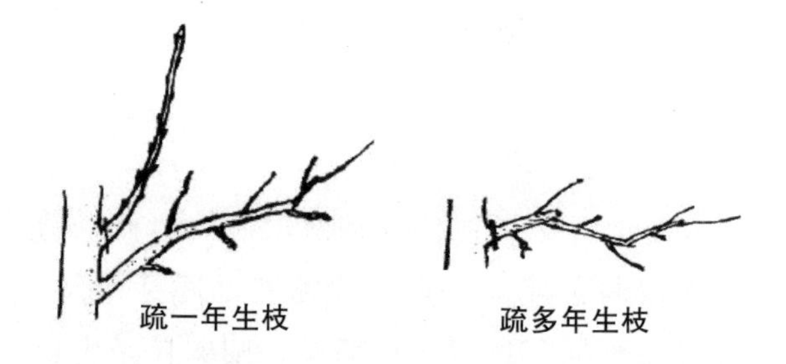

疏一年生枝　　疏多年生枝

三、回缩

回缩也称缩剪，是指对多年生枝或枝组进行的剪截。

回缩适用于对生长势较强的枝组，去强留弱，改善光照，平衡树势；对衰老枝组去弱留强，下垂枝抬高枝头，更新复壮；解决交叉枝、重叠枝，采用放一缩一。

1.轻回缩　2.中回缩　3.重回缩

四、缓放

对一年生发育枝不进行剪截处理，任其自然生长叫缓放，也称甩放或长放。

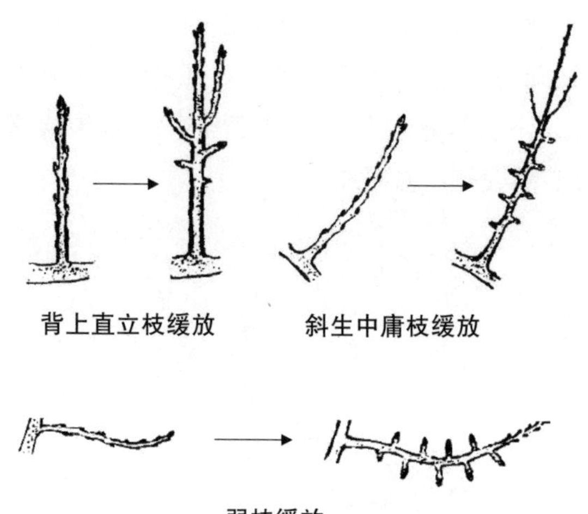

背上直立枝缓放　　斜生中庸枝缓放

弱枝缓放

内膛细弱枝缓放

五、拉枝

拉枝是指用绳或铁丝将角度小的骨干枝或大辅养枝拉开角度，使主枝角度开张至70°左右，辅养枝角度开张至80°以上，以达到整形和早果丰产的要求。

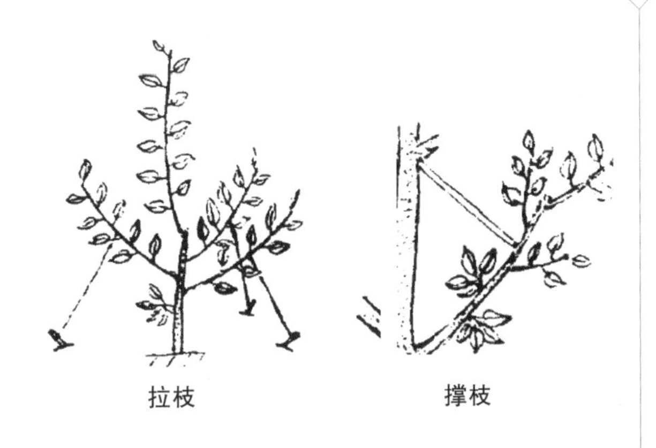

六、环剥、环割

在枝干上按一定宽度用刀剥去一圈环状皮层叫环剥。

环割是在枝干上横割一圈或数圈环状刀口，深达木质部但不损伤木质部，只割伤皮层，而不将皮层剥除。

七、刻芽

在春季萌芽前，在枝条或芽的上方0.5～1 cm处用刀横割一月牙形伤口，刻芽弧度为主干粗度1/3深达木质部，刺激芽子萌发抽枝的方法称为刻芽。

八、开角

当新梢长到20～30 cm时，牙签开角，开张角度80°～90°。

九、摘心

生长季，在尚未木质化或半木质化时，把新梢顶端的幼嫩部分摘除叫摘心。

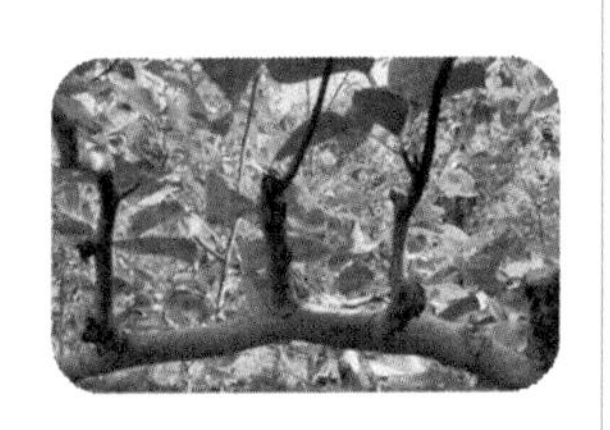

十、拿枝

对直立或斜生旺长的新梢，在中下部用手握拿，使木质部轻微受到损伤，使枝梢斜生或水平生长的方法称为拿枝。

第三节　常见整形技术

一、细长纺锤形树形

1.树形结构

主干高60～70 cm，树高2.8～3.2 m，冠径1.5～2.0 m。

中心干强壮直立，均匀分布25～30个主枝，下部主枝略长，上部略短，着生位置呈螺旋式排列，主枝长100～150 cm，由下向上逐渐缩短，开张角度70°～80°。主枝上直接培养结果枝组。同侧主枝间距不小于50 cm，相邻主枝间距10～25 cm。各主枝直径不大于着生部位中心干的1/3。

2.整形要点

（1）主干培养

保留1个直立健壮的新梢作为主干培养，疏除多余新梢。保持直立生长，到秋季落叶时主干高1～2 m，粗1～2 cm。

（2）刻芽

第二年春季，对主干光秃部位进行刻芽。

（3）开角、拉枝

枝长20～30 cm时，开角70°～80°，秋季拉枝保持角度。

二、圆柱形树形

1.树形结构

树高2.5～3 m，干高50～60 cm，冠径1～1.5 m；中央干上均匀分布大小相近的25～30个结果枝组。

中心干强壮直立，结果枝组与中心干成70°～80°夹角，

呈单轴延伸；及时疏除结果枝组上的背上直立枝。

2. 整形要点

（1）整形时期

整形时期为秋季落叶半个月之后到春季发芽半个月之前。

（2）管理原则

控上促下，抑强扶弱

借助群体，从简从轻

空间不足，促控结合

骨架不高，夏剪为主

先乱后置，逐步整形

3. 技术特点

（1）定干

定植株行距为1.5 m×4 m，定植后立即在饱满芽上部0.5～1 cm处定干，高度50～60 cm，确保当年生长至高2 m，粗度1 cm以上。

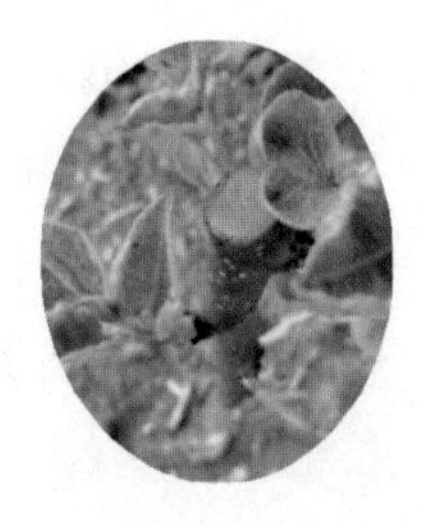

（2）抹芽

发芽后，抹除距地面30～40 cm以下的萌芽。

（3）定主枝

当新梢长度达15 cm左右时，选健壮枝当主干，让其直立生长，其余枝通过撑、拿、摘心等开展角度、控制生长。

基部留3～4个小侧枝，增加光合面积，促进主干生长，稳固树体作用，第2年还可结果，控制树势。

（4）刻芽

第二年萌芽前7 d刻芽，刻芽部位是距顶端30 cm以下所有的芽，并涂抹发枝素。

（5）开角

当新梢长到15～20 cm时，牙签开角，开张角度60°～70°。

(6) 注意事项

①主干上光秃部位继续刻芽，开角度。

②疏除侧枝（结果枝组）的背上直立枝，呈单轴延伸。

③疏除多余较粗的直立枝。

④基部开角，顶部疏除密集枝。

⑤培养单轴延伸的结果枝组，同时疏除背上枝和延长枝的竞争枝。

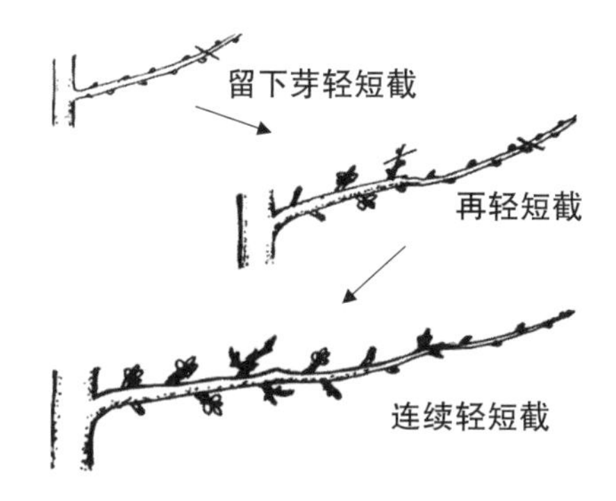

（6）结果枝组更新

对过于粗壮或过分衰弱的结果枝组及时回缩更新，回缩至接近主干的第二个芽处，有利于再次萌发。

枝组主要由中庸新梢甩放形成，在缺枝条件下强旺新梢和弱梢也可利用，但强梢需重截或中截（剪口留对生平芽），弱梢需轻截（剪口留上芽）。

对强枝短截后形成的枝组，可在大分枝处及时回缩更新，调整枝量限制加粗，防止枝组过大。枝组基部粗度超过中干的1/3时，可利用附近或枝组后部的分枝进行局部更新或彻底更新。

三、纺锤形树形

1.树形结构

树高3.0～3.5 m，冠径2.5 m，干高60～70 cm，中心干着生12～15个主枝。单轴延伸，间距≥20 cm，主枝长度≤1.5 m，开角80°～90°，同一方向主枝间距>50 cm。

2.整形要点

（1）定干

在干高80～90 cm处选择饱满芽定干（弱苗低定干），萌芽前在第2芽以下合适部位刻2～3个芽，无需发枝部位适当抹芽。

定植具有8个以上分枝的标准大苗，则不定干、不短截；去除距地面60 cm以下分枝、60 cm以上分枝，疏除基部直径超过对应着生部位中心干1/3的分枝，并对缺枝部位进行刻芽，促发新枝。

若定植苗木分枝较少，但可留用的分枝多于3个，则在1.5 m饱满芽处短截，去除直径超过中心干1/3的分枝及60 cm以下的分枝，在中心干上60 cm之上的缺枝部位刻芽，适当抹去无需发枝部位、分布密集的芽体。

（2）夏剪

控制发枝部位、分枝长度、粗度等，对于中心干上长度达80 cm左右的分枝及时拉角至80°～90°，中心干上长势强或不能作为骨干枝培养的分枝适当摘心、扭梢、拉枝等控其旺长，将其直径控制在主干着生部位粗度的1/3以内，对该类枝条不建议疏除，用以扶壮中心干。

骨干枝上发出的次生枝，及时做扭梢、摘心，防止骨干枝过粗。对于中心干顶部1/4区段的分枝，当梢长至10～12 cm时摘心，再长至10～12 cm时连续摘心，以确保中心干领导地位。

（3）冬剪

选择2～3个粗度小于中心干粗度1/3、方位合适的枝条作为骨干枝培养，对于过粗枝极重短截，或从基部疏去，希望发枝部位注意留桩，桩长0.5～1.0 cm，与地面水平，无需发枝部位基部疏除。符合比例的分枝长放，疏除重叠枝、病枝等。

中心干延长枝轻短截，截留50～60 cm。

第三章 库尔勒香梨树花果管理技术

第一节 授粉

一、人工辅助授粉

1.采粉制粉

花粉有纯花粉和混合花粉。采花时间以大蕾期为宜，即在开花前1～2 d，此时花粉已完全成熟。采花过早则花粉不成熟，过晚则不利于脱花药。

脱下花药后，将花药均匀摊在光滑纸上，置于25 ℃室内，24 h阴干，散出花粉。

库尔勒香梨树为自花不实品种，除需配置授粉树外，辅助授粉也尤为重要。

筛出的花粉与填充剂（干燥淀粉或滑石粉）混合授粉，其比例为1:（5～7）。花粉应放入干燥器置于2～8 ℃密封、低温、避光保存。

2.人工授粉

柱头接受花粉最佳时期为开花当天和第二天，以后依次减弱。

（1）点授

用毛笔、纸棒、带橡皮的铅笔、软鸡毛等工具，间隔20 cm点授1个花序，每花序点授边花1～2朵。

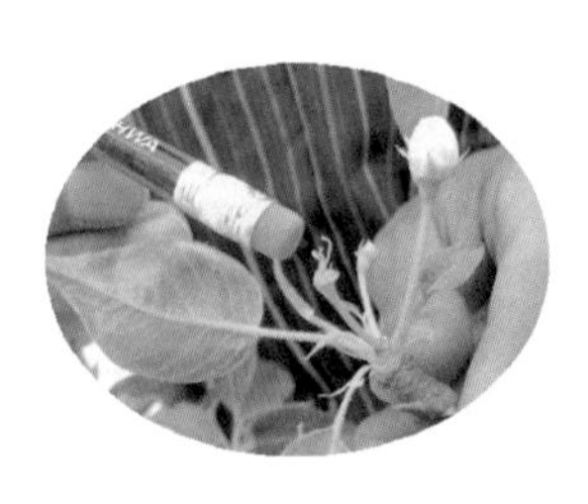

（2）掸授

在竹竿上绑一草把，外包白毛巾呈掸子状，于盛花期在授粉品种和主栽品种之间交替滚动，一般为2次。

（3）抖授

将花粉和填充剂按1:（20～30）混合，装

入尼龙纱袋，绑在长杆顶端，于盛花期在主栽品种树上抖震，散出花粉授粉。此法授粉速度快，省工。

（4）液体喷雾授粉

在10 kg水中加入花粉20 g、尿素30 g、砂糖500 g、硼砂10 g，用超低容量喷雾器喷洒，为防止花粉发芽，配好后应在2 h内喷完。

（5）注意事项

鸭梨花粉，人工点授时花粉与食用淀粉比例为1:（1～2），抖授时的比例为1∶10。

点花选择刚开放、柱头新鲜、花药为粉红色的花。

在花蕾期、盛花期全园喷施0.3%的硼肥，有助于坐果。

3. 引蜂授粉

在开花前2～3 d，将蜂箱安放在园内，每10亩果园放2箱。

4.挂花瓶与震花枝授粉

在香梨开花前2 d，花骨朵呈灯笼状时，剪砀山梨或鸭梨花枝，插在水瓶中，挂在香梨花芽较多的枝条上授粉，每棵树挂3～5个。也可以将剪取的花枝绑在3 m长的竹竿上，伸到树上膛内用手振动进行授粉。

二、花期和幼果期逆境防控

梨树花期多在终霜期以前，预防霜冻的措施有：

①加强综合栽培管理，增强树势，提高树体营养水平，增强自身抵御能力。

②延迟发芽。避开霜冻，早春、发芽前灌水或发芽前树冠喷水（或10%石灰液），延迟开花3～5 d。

③当凌晨气温下降到-2 ℃时，点燃柴草锯末（每亩堆2个直径1 m的草堆），上土压明火、熏烟。

第二节　疏花疏果

一、疏花

疏花应从冬季修剪留花芽量时开始。花芽量过多时，应疏弱留壮，少留腋花芽。

花芽萌动至盛花期均可继续疏花，包括发育不良、开放晚与过密花序。疏去花序后的果台副梢可在当年形成花芽。

凡是留用的花序，应留基部1～2朵花，其余疏出，以节省养分。

留花力求分布均匀，内膛、外围可少留，树冠中部应多留；叶多而大的壮枝多留，弱枝少留；光照良好区域多留，阴暗

部位少留。

二、疏果

疏果在花期过后7～10 d，未授粉花落掉，即可开始疏果。一般在5月上旬开始，在25 d内疏完，疏果须1次到位。

疏果原则：树势壮、土壤肥力水平高可多留，反之少留。

1.果实负载量法

根据单果重算出单株留果数量，再加上10%～15%保险系数。

2.叶果比法

盛果期梨树，中、大果型品种30～35个叶片留1果，小果型品种25个叶片留1果。

3.枝果比法

枝果比法即枝条与果实数量之比。枝果比是从叶果比衍生出来的，但比叶果比简化实用，一般枝果比是（3.5～4.0）：1。

4.果实间距法

中、大型果每序均留单果，果实间距为25～30 cm。

5.化学疏花疏果

应用植物生长调节剂疏花疏果，主要有：萘乙酸钠（NaNAA 400 mg/kg，盛花期）；萘乙酰氨（NAD 150～300 mg/kg，盛花后10～30 d）；萘乙酸（NAA 20 mg/kg，盛花后14 d前）；乙烯利（ETH 400 mg/kg，花蕾现红到盛花期）。化学疏花疏果原则：壮树多喷，弱树少喷，外围多喷，内膛少喷。

注意事项：

①中、大型果每花序留基部第一和第二位果；

②留果形长、萼端突出的果，疏去球形果、歪形果和小果；

③留枝条下方位和侧方位的果，疏枝条背

上的果，疏中心果，留边果；

④留有果台枝的果，去除无果台枝的果。

第三节　果实套袋

果实套袋不仅可以提高果实外观品质，还可以隔离农药对果实的直接污染，预防烂果病、斑点落叶病、食心虫等病虫害。

一、套袋时间

套袋在落花后15～40 d内完成，即定果后越早越好。最佳套袋时间应该在天气晴朗的上午和下午进行，一定要避开中午高温时间。套袋不宜过晚，否则，梨上的锈斑就会扩大，果实颜色就不能改变。

二、套袋前的准备

1. 疏果定果

套袋前对整个果园的病果及歪果进行彻底

摘除，以便套袋。

2. 喷药

套袋前2 d全园细致喷药1次，杀虫剂与杀菌剂要配合使用，进一步消灭幼果上的病虫害，防止病菌侵入袋内。喷药时要细致，围树转圈，上翻下扣，打匀打透。待药剂全干后再进行套袋。

3. 浇水

套袋前全园浇1次透水，防止日灼。

4. 套袋

套袋前2 d，将果袋放在照不着阳光的墙角，袋口朝上，用喷壶均匀喷洒少量水，使果袋湿润，然后在果袋上盖上棉布帘或其他遮阴物均可，果袋潮湿柔韧后即可使用。

三、袋的选择

选用外灰内黑、透气良好、耐破损的双层梨果专用纸袋。袋形、尺寸，应根据梨果品种进行选择。大果选大袋，小果选择小袋。

四、套袋方法

套袋时，不要伤及果柄，应按先上后下、先内后外的顺序进行，减少对叶片及幼果的损伤。选定幼果后，先撑开果袋，使其充分膨胀，套在果实上，幼果悬空于袋内，防止果面贴近纸袋产生日灼，然后将袋口扎紧扎严。梨果套袋应选择天气晴朗的上午和下午进行。

五、摘袋

摘袋过早，起不到套袋的目的和效果，过晚则不利于着色，一般应在采果前15～20 d摘袋。双层袋分2次摘除，先摘外袋，经过3～5个晴天后再摘除内袋。摘袋应选择在傍晚或阴天进行。

第四节　果实适期采收

梨果陆续成熟后，适时采收才能保证梨果的品质。

适期采收是在果实进入成熟阶段后，根据果实采收后的用途，在适当成熟度采收。

梨果成熟度一般分为三种：

一是可采成熟度。果实的物质积累过程已基本完成，开始出现本品种固有色泽和风味，果实体积和重量不再明显增长，果实较硬，食用品质差，但贮藏性好，适于长期贮藏或远销。

二是食用成熟度。果内积累物质已适度转化，呈现本品种固有风味，果肉适度变软，食用品质最佳，但贮藏性有所下降，适宜于及时上市销售、加工或短期贮藏。

三是生理成熟度。种子已充分成熟，果肉明显变软，食用品质明显下降，果实开始自然脱落，除用于采集种子，不适于其他用途。

第四章　库尔勒香梨树土肥水管理技术

第一节　土壤管理

一、深翻与耕翻

深翻可加深根系分布层，减少“上浮根”，提高抗旱能力和吸收能力。

1.深翻时期

秋季深翻，一般在果实采收前后结合秋施基肥进行。此时地上部生长较慢，养分开始积累，深翻后正值根系秋季第2次生长高峰，伤口容易愈合，并可长出新根。

2.深翻方法

采用隔行深翻，2～3年翻通果园。深翻时沟宽50～60 cm，深60～80 cm。

3.耕翻

耕翻以落叶前后进行为宜。耕翻深度10～20 cm。

注意事项：耕翻后不耙有利于土壤风化和冬季积雪，盐碱地耕翻有防止返盐作用，并有利于防治越冬害虫。

二、果园覆盖

1.生物覆盖

生物覆盖后蒸发量显著减少，能保持土壤水分，防止土壤冲刷和返盐，增加土壤有机质含量，阻止杂草生长。

在果园里用作物秸秆、杂草、刈割下的绿肥盖5～20 cm的草被，常年覆盖不翻入地下。在草源充足的地方，力争全园覆盖。草源不足的地方，可只覆盖树盘，但厚度一定要达到要求。覆盖后不能在草被上撒土，以免影响覆盖后的透气度。

2.地膜覆盖

地膜覆盖后可减少土壤水分蒸发，同时，可把土壤深层的水分提到耕作层上来，增加土壤含水量，对早期提高地温，改良土壤理化性能作用较大。由于覆膜后增加了反射光和散射光，从而改善了株间光照，对光合作用及果实着色极为有利。

在春季透雨后，应顺树行将树盘全部覆盖，于秋季施肥时揭膜并收拾干净，防止废旧地膜深入土壤而影响根系生长。

三、中耕除草

1.中耕除草

一般在杂草出苗期和结籽期前中耕除草。

2.化学除草

除草剂种类很多，应当根据主要杂草种类，对症选药。除草剂主要选用扑草净、西玛津、除草醚等。

四、客土和改土

客土是指非当地原生的、由别处移来用于

置换原生土的外地土壤，通常是指质地好的壤土（沙壤土）或人工土壤。

过沙和过黏的土壤都不利于梨树生长，均应改良。沙土地可以土压沙或起沙换土，提高土壤肥力。黏土地可掺沙或炉灰，提高土壤透气性。

五、果园生草

果园生草法就是人工全园种草或果树行间带状种草，所种的草须是优良多年生牧草，也可以是除去不适宜种类杂草的自然生草。生草地不再有除刈割以外的耕作，人工生草地由于草的种类是经过人工选择的，它能控制不良杂草对果树和果园土壤的有害影响。

第二节　施肥

一、梨树需肥特点

春季为梨树器官的生长与建造时期，根、枝、叶、花的生长随气温上升而加快，授粉受精、坐果都要有充足的氮供应，树体吸收氮、钾的第一个高峰期均在5月。

氮：5～6月是幼果膨大期，大部分叶片定型，新梢停止生长，光合作用旺盛，碳水化合物开始积累。此时氮肥需求量下降，但应平稳氮的供应。氮过多易使新梢旺长，生长期延长，花芽分化减少；氮过少易使叶片早衰，树势下降，果实生长缓慢。

8月中旬停止用氮，否则风味降低。

磷：最大吸收期在5～6月，7月以后降低，养分吸收与新生器官生长相关联，新梢生长、幼果发育和根系生长的高峰期正是磷的吸收高分期。

钾：7月中旬为钾的第二个吸收高峰期，吸收量大大高于氮，此时正处于果实迅速膨大期，后期仍需高钾，否则果实发育不良，风味寡淡。

二、常见肥料养分含量

常用有机肥养分含量见表1，常见化肥养分含量见表2。

表1　常用有机肥养分含量表

名称	有机质/%	N /%	P_2O_5 /%	K_2O /%
猪粪	25	0.6	0.4	0.44
羊粪	31.4	0.65	0.47	0.23
鸡粪	25.5	1.63	1.54	0.85
牛粪	15	0.32	0.21	0.16
草木灰			2.1	4.99
棉籽饼	19	5.6	2.5	0.85
玉米秆	18	0.45	0.38	0.64

表2　常见化肥养分含量表

肥料	名称	N /%	P_2O_5 /%	K_2O /%
氮肥	尿素	46		
	硫酸铵	20～21		
	碳酸氢铵	16～17		

续表2

肥料	名称	N /%	P_2O_5 /%	K_2O /%
	硝酸铵	23～35		
	硝酸镁钙	20～21		
	氯化铵	24～5		
	硝酸钙	13		
磷肥	过磷酸钙(普钙)		12～18	
	重过磷酸钙（或三料磷肥）		42～48	
	钙镁磷肥		14～18	
	磷矿粉		14	
钾肥	硫酸钾			48～52
	氯化钾			50～60
	草木灰			5～10
	窑灰钾肥			8～12
复合肥	磷酸二铵	18	46	
	磷酸一铵	11～13	51～53	
	硝酸磷肥(磷酸二钙、磷酸一铵和硝酸铵的混合物)	20	20	
	磷酸二氢钾		24	27
	三元复合肥	10	10	10

三、需肥量

树体当年新生器官所需营养和器官质量的增加即为当年树体所需的营养总量。每生产100 kg新生组织所需要的N、P、K含量见表3。

表3　梨树需肥量

新生组织/100 kg	N /kg	P_2O_5 /kg	K_2O /kg
新根	0.63	0.1	0.17
新梢	0.98	0.2	0.31
鲜叶	1.63	0.18	0.69
果实	0.2～3.05	0.2～0.32	0.28～0.4

理论施肥量计算公式：

理论施肥量=（吸收量-土壤供给量）/肥料利用率

施肥比例为N：P：K=2：1：2，树体吸收量和肥料利用率按照表4计，最后除以肥料元素有效含量百分比，得出每公顷实际施入化肥数量。

表4 梨树肥料利用比

	N	P_2O_5	K_2O
树体吸收量	1/3	1/2	1/2
肥料利用率/%	50	30	40

参考文献：张玉星.果树栽培学各论[M].北京：农业科技出版社，2006.

四、施肥方法

1.基肥

基肥以秋施为好，结合土壤深翻进行，断根早、发根多、肥效好的密植园以沟施为主。即在树冠投影范围内集中施用，主干1 m以外的行间开沟，沟深30～80 cm，宽40～60 cm，将肥料与表土拌匀施入沟中，上覆心土。基肥施用推荐表见表5。

表5 基肥施用推荐表

种类	内容	施用量
有机肥	沤肥、厩肥、绿肥、人畜禽粪尿等农家肥以及工厂化生产的商品有机肥	农家肥按照“斤果斤肥”的比例施用，商品有机肥每亩施用300～500 kg

续表5

种类	内容	施用量
微生物肥料	微生物菌剂、生物有机肥	根据微生物含量每亩施用20～50 kg，生物有机肥根据微生物含量每亩施用200～500 kg
化学肥料	氮磷钾复合肥、中微量元素肥和缓控肥料	氮磷钾复合肥或缓控肥料每亩施用40～50 kg，中微量元素肥根据果园实际情况每亩施用20 kg左右
土壤调理剂	硅、钙、钾、镁肥等	硅、钙、钾、镁肥施用量根据土壤酸化和元素缺乏程度，每亩施用50～100 kg

2.追肥时期

（1）花前追肥

萌芽至开花前进行，以氮为主，占全年30%。

（2）幼果膨大期（疏果结束至套袋完成）追肥

此期追肥比例为氮占全年40%，钾占50%～60%，磷占全年用量的100%（除基肥）。

（3）果实生长后期追肥

一般在7月底进行，氮钾配施，其主要解决大量结果造成树体营养物质亏缺和花芽分化的矛盾。

3. 叶面肥

在叶片生长25 d以后至采收前，结合防治病虫害要求，可掺入0.3%～0.5%尿素液，果实生长后期喷0.2%～0.3%磷酸二氢钾+0.3%的氯化钙，以提高果实品质及促进花芽分化。

第三节　灌水

梨树每生产1 kg干物质需水300～500 kg，生产果实2 t/亩，全年需水360～600 t。

漫灌条件下，根据土壤墒情全年灌好5～7次水，重点抓好萌芽到花前、展叶与幼果生长、果实膨大、采收后以及土壤封冻等几个关键时期的灌水，8月中旬后停水，采收期禁止灌水，直至10月下旬或11月初进行冬灌。

梨树漫灌灌溉制度见表6，梨树滴灌灌溉制度见表7，梨树滴灌水肥一体化灌溉制度见表8。

表6　梨树漫灌灌溉制度

灌溉时间	3月中旬	5月上旬	6月初	7月初	8月中旬	10月初	11月初	合计
灌溉量/m^3	120	100	100	100	120	100	120	760

表7　梨树滴灌灌溉制度

适用对象	灌水时期	灌水次数	灌水时间（日-月）	灌溉量/次（m^3/亩）
梨树盛果期	萌芽前	1	15-03—20-03	60
	初花前	1	01-04—05-04	20
	末花期	1	20-04—24-04	30
	展叶期	1	10-05—14-05	35
	幼果期	2	01-06—05-06	35
			15-06—20-06	35
	果实膨大期	3	01-07—05-07	30
			10-07—15-07	35
			01-08—05-08	30
	果实成熟期	1	10-08—15-08	40
	果实采收后	1	01-10—05-10	40
	冬灌	1	01-11—05-11	60
合计		12		450

表8　梨树滴灌水肥一体化灌溉制度

适用对象	灌水时期	灌水次数	灌水时间（日–月）	灌溉量/次（m^3/亩）	肥料名称	施肥量（kg/亩）	备注
梨树盛果期	萌芽前	1	15–03—20–03	60	滴灌专用肥		
	初花前	1	01–04—05–04	20	滴灌专用肥	12	高氮+中磷+低钾+微量元素，随灌溉施入
	末花期	1	20–04—24–04	30	滴灌专用肥	10	中氮+高磷+中钾+微量元素，随灌溉施入
	展叶期	1	10–05—14–05	35	滴灌专用肥	8	低氮+高磷+中钾+微量元素，随灌溉施入
	幼果期	2	01–06—05–06	35	滴灌专用肥	10	低氮+中磷+中钾+微量元素，随灌溉施入
			15–06—20–06	35	滴灌专用肥	10	低氮+中磷+中钾+微量元素，随灌溉施入

续表8

适用对象	灌水时期	灌水次数	灌水时间（日–月）	灌溉量/次（m^3/亩）	肥料名称	施肥量（kg/亩）	备注
	果实膨大期	3	01–07—05–07	30	滴灌专用肥	8	中氮+低磷+高钾+微量元素，随灌溉施入
			10–07—15–07	35	滴灌专用肥	10	中氮+低磷+高钾+微量元素，随灌溉施入
			01–08—05–08	30	滴灌专用肥	12	低氮+低磷+高钾+微量元素，随灌溉施入
	果实成熟期	1	10–08—15–08	40	滴灌专用肥	10	低氮+低磷+高钾+微量元素，随灌溉施入
	果实采收后	1	01–10—05–10	40	生物有机肥	500	条状沟施
					配方肥	60	
	冬灌	1	01–11—05–11	60			
合计				450			

第五章　库尔勒香梨树病虫害防治技术

第一节　病害防治

一、树干腐烂病

腐烂病也称腐朽病，又称烂皮病、臭皮病等，是梨树极易发生的一种常见病。腐烂病通常由几百种土携细菌或真菌引起，主要危害结果树的枝干，具有毁灭性。

1.症状

腐烂病在幼树和苗木上危害较少。发

病初期外表不易识别，掀开枝干表皮，可见到暗褐色至红褐色湿润的小斑或黄褐色的干斑，有时内部病变面积已较大，而从外部仍不好识别。受害较重时皮层腐烂坏死，用手指按下即下陷。病皮极易剥离，烂皮层红褐色，湿腐状时有酒糟味。

发病后期，病部失水干缩，变黑褐色下陷，并产生黑褐色小点粒，即病菌的分生孢子器，成为再发病的传染源。除浸染枝干外，果实浸染上病斑症状为暗红色的圆形或不规则形，有轮纹，边缘清晰。发病部位腐烂软化，略带酒糟味，病果表皮易剥离。

2.发生规律

通常果树进入结果期后，腐烂病开始发生，随着树龄的增加和产量的不断提高，腐烂病会逐年增多，在正常管理情况下，树体负载量是左右发病的一个关键因素。连年结果，要消耗大量的养分，如果养分供给不足，必然引起腐烂病的发生。枝条含水量80%～100%时病斑扩展缓慢，枝条含水量67%时病斑扩展迅速。冬季修剪时，修剪过重，伤口过多，又未及时消毒保护等，有利于病害发生。冻害、冰雹都会使树体受伤害而加重腐烂病的发生。

3.防治技术

预防方案：在发病前，用护树大将军1瓶母液加水30 kg稀释后，全面喷涂树体和地面消毒。15 d用药1次。

①加强经营管理，及时修枝间伐，通风透光，提高植株抗逆性，及时砍除病株烧毁，减少病原。

②对发病较重的梨园，在开花前和刚落叶时打光杆药，可用3～5波美度石硫合剂，或9281制剂100倍液，或5%菌毒清，或30%腐烂敌100倍液，或腐必清100倍液喷施。

二、梨黄化病

梨树黄化病，又称缺铁失绿症，属生理性病害。

1.症状

发病初期新梢叶片由淡绿转向黄色，叶脉依旧绿色，较正常叶片小而薄。发病后期整个叶片都成黄白色，并且在叶边缘出现焦枯坏死斑。

2.发病规律

梨树黄化病可以嫁接传染，也可机械传染到草本寄主上。带毒苗木、接穗、砧木是病害的主要浸染来源。其多发生在盐碱地区，由于在碱性土壤中盐基作用使活性铁转化为非活性铁，而不能被植物吸收利用，才会出现缺铁失绿的现象。而在中性土壤中，肥水过量尤其是偏施氮肥，容易造成新枝生长过旺，铁元素吸收不足，也会使新梢表现出不同程度的缺铁失绿症。

3.防治技术

①栽培无病毒苗木。剪取在37 ℃恒温下处理2～3周伸长出的梨苗新梢顶端部分，进行

组织培养，繁殖无毒的单株。

②选用抗病砧木。

③果园行间种植豆科绿肥植物，深耕深翻，破坏板结层，改变土壤结构；深施有机肥，畅通排水。

④树上喷施、树下根施硫酸亚铁盐。

⑤加强梨苗检疫，防止病毒扩散蔓延。

三、梨黑斑病

1.症状

该病主要危害果实、叶和新梢。叶部受害，幼叶先发病，出现褐至黑褐色圆形斑点，后逐渐扩大，形成近圆形或不规则形病斑，中心灰白至灰褐色，边缘黑褐色，有时有轮纹。

病叶即焦枯、畸形，早期脱落。天气潮湿时，病斑表面产生黑色霉层，即病菌的分生孢子梗和分生孢子。

果实受害，果面出现一至数个黑色斑点，渐扩大，颜色变浅，形成浅褐至灰褐色圆形病斑，略凹陷。发病后期病果畸形、龟裂，裂缝可深达果心，果面和裂缝内产生黑霉，并常常引起落果。果实成熟期染病，前期表现与幼果相似，但病斑较大，颜色黑褐色，后期果肉软腐而脱落。新梢发病，病斑为圆形或椭圆形、纺锤形，淡褐色或黑褐色，略凹陷，易折断。

2.发病规律

病菌以分生孢子和菌丝体在被害枝梢、病叶、病果和落于地面的病残体上越冬。第二年春季产生分生孢子后借风雨传播，从气孔和皮孔直接侵入寄主组织引起初浸染。初浸染发病后病菌可在田间引起再浸染。

一般4月下旬开始发病，嫩叶极易受害。6～7月如遇多雨，更易流行。地势低洼，偏施化肥或肥料不足，修剪不合理，树势衰弱以及梨网蝽、蚜虫猖獗危害等不利因素均可加重该病的流行。

3.防治技术

（1）清除越冬菌原

在梨树落叶后至萌芽前，清除果园内的落叶、落果，剪除有病枝条并集中烧毁深埋。加强果园管理：合理施肥，增强树势，提高抗病能力。低洼果园雨季及时排水。重病树要重剪，以增进通风透光。选栽抗病力强的品种。

（2）药剂防治

发芽前喷5波美度石硫合剂混合药液，铲除树上越冬病菌。生长期喷药保护叶和果实，一般从5月上中旬开始第一次喷药，15～20 d喷1次，连喷4～6次。常用药剂有：50%异菌脲（扑海因）可湿性粉剂、10%多氧霉素（宝丽安）1000～1500倍液对黑斑病效果最好，75%百菌清、65%代森锌、80%大生M-45、80%普诺等也有一定防治效果。为了延缓抗药菌的产生，异菌脲和多氧霉素应与其他药剂交替使用。

四、小叶病

1.症状

小叶病不仅会造成植株矮小，枝芽生长发育慢，严重时还会导致枝叶枯死，果树不能正常开花，或者出现小果实或畸形果实。

2.发病规律

梨树小叶病是因树体缺锌所造成的。果树缺锌时合成生长素吲哚乙酸的原料减少，因而影响枝叶生长，出现小叶病现象。缺锌还造成多种酶活性降低。锌又存在于叶绿素中，催化二氧化碳和水生成碳酸根和氢氧根离子，所以缺锌也影响果树光合作用。土壤中含锌量很少，土壤呈碱性或含磷量较高，大量施用氮肥，土壤有机质和水分过少，其他微量元素不平衡，均易引起缺锌症。

叶片含锌量低于10～15 mg/kg，即表现缺锌症状。

3. 防治技术

①多施有机肥，定期疏松土壤，加强果树根系活跃性。

②花前喷0.3%硫酸锌和0.3%～0.5%尿素混合液，促进锌吸收。

③根施锌肥：树发芽前，每棵果树施50%硫酸锌粉1～1.5 kg，也可用70%安泰生可湿性粉剂700倍液，达到补锌目的。

五、黑心病

1. 症状

黑心病是一种生理性病害。鸭梨、库尔勒香梨、莱阳慈梨、雪花梨和长把梨等品种在贮藏过程中均有发生，其中以鸭梨最为严重。贮藏期发病，先在果实的心室壁和果柄的维管束连接处形成芝麻粒大小的浅褐色病

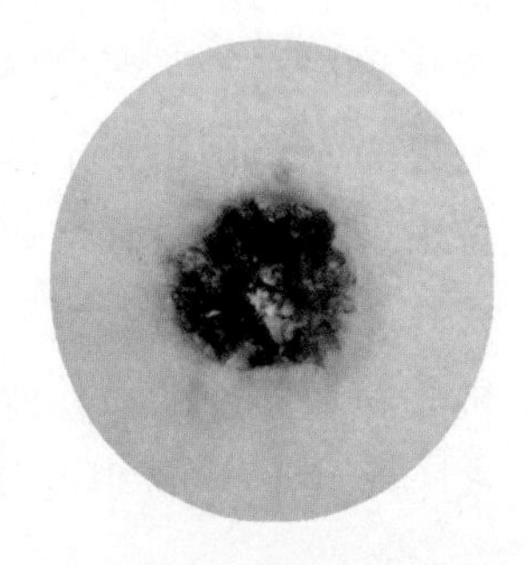

斑，然后向心室里面扩展，使整个果心变成黑褐色，并往外扩展，使果肉发生界限不明显的褐变，果肉组织发糠，风味变劣，一般果实外观无明显变化，如用手捏果实表面则有轻度软绵的感觉。严重时，果皮色泽变暗，果肉大片变褐，不堪食用。

2.发病规律

黑心病病变初期可在果心外皮上出现褐色斑块，待褐色逐步扩大到整个果心时，果肉部分会呈现界线不分明的褐变。病果风味变劣，严重影响梨的保鲜贮藏寿命。本病因贮藏时期和条件的不同，可区分为早期黑心病和晚期黑心病两种。前者在入冷库30～50 d后发生，认为其由于贮藏期低温伤害所致；后者通常发生在土窖贮藏条件下，大多出现在翌年春节前后，初步认为其可能与果实的自然衰老有关。此外，贮藏环境中二氧化碳浓度较高也可导致梨黑心病的发生。梨果心变褐主要由于多酚氧化酶的活性增高，促使果心及果肉组织发生氧化反应所引起的。钙也是影响梨黑心的主要矿质营养元素。

3.防治技术

①以有机肥和复合肥为主，促使树体健壮。生长后期忌用大量的氮素肥料并控制灌水量。

②对入贮果实适当提早采收，有利于防止黑心病。

③果实采收后逐步降温，及时入库。梨属于对低温敏感的品种，入库始温过低，降温速度过快，对梨黑心病发展影响很大。

六、裂果病

1.症状

（1）枝干

病枝易干梢，严重时病枝由褐色转为红褐色。

（2）叶片

病梢尖上的叶片变紫红色，叶片变窄变小，皱缩或卷曲，严重的，叶缘焦枯或开裂。

（3）果实

初期仅在果实的向阳面变红，果肉逐渐木质化。其分为3种类型：无裂纹，但果面粗糙凹凸不平；果面粗糙，有点状裂痕；果面极粗糙，遍布点状、条状、网状等不规则裂纹。

2.发生规律

土壤水分不均是裂果病发生的主要原因，过度干旱、过多的雨水或干湿变化过大等，都会引发或加重裂果情况。

3.防治技术

（1）生态防治

一是通过人工灌溉，保证果实膨大期水分的正常供应，使养分供给及时，果实生长发育正常，这样，果实生长发育后期即使遇到大雨也就不易裂果了。二是实施套袋技术，也可减轻裂果现象的发生。

（2）农业防治

及时灌溉，防止干旱；做到水肥均衡供应，科学修剪，如疏剪或缩剪，调节坐果率；平整土地，防止局部积水。

第二节　虫害防治

一、红蜘蛛

红蜘蛛，又名害螨，属蛛形纲蜱螨目叶螨科，主要危害梨树的嫩芽和叶片。

肉眼观察，如果叶片上有一些白色的斑点，一般就是发生了红蜘蛛。

1.发生规律

红蜘蛛以受精雌螨在梨树的翘皮、枯枝缝、裂缝和树干靠近地面的土壤缝隙中避寒过冬，在冀中南地区每年可以繁殖3～5代。翌年3月中旬（花芽膨大期），越冬雌虫开始出来活动，4月上中旬（中熟品种花序分离期）为出蛰盛期，末期在4月下旬。花后一周左右为第一代若

虫集中发生期，该期是防治的有利时机。6月上旬和下旬（麦收前后），气温35 ℃以下红蜘蛛发生率较高，分别是第二代和第三代若虫发生期。5月份和6月份，如降水量较少则对红蜘蛛的繁衍生息非常有利。

2.防治技术

（1）农业防治

在红蜘蛛越冬卵孵出幼虫前期，将梨树枯皮、病皮除去，在清除部位涂抹石灰水可消灭大量红蜘蛛虫卵。

（2）物理防治

在梨树发芽和红蜘蛛即将上树危害前（4月下旬），应用无毒不干粘虫胶在树干中涂一闭合粘胶环，环宽约1 cm，2个月左右再涂一次，即可阻止红蜘蛛向树上转移危害，效果可超过95%。

（3）化学防治

红蜘蛛虫害发生后，药物防治必须及时。一类是药效比较慢但药效持续时间长的联苯肼酯、噻螨酮、四螨嗪，这些药物对卵和幼虫效果好，对成虫效果差一点，不适合红蜘蛛暴发后使用；另外一类药物药效比较快，对成虫、卵、幼虫效果都比较好，包括哒螨灵、三唑锡等杀螨剂。

二、果苔螨

果苔螨，昆虫名，属蛛形纲前气门目叶螨科，寄主有苹果、梨、桃、樱桃、杏、李、沙果等蔷薇科果树。

1.发生规律

此螨在北方果区1年发生3～5代，以鲜红色越冬卵于主侧枝阴面的粗皮缝隙中、枝条下面和短果枝叶痕等处过冬。当春季气温平均为7 ℃以上，苹果发芽时开始孵化，初花期为孵花盛期。当日平均温度在23～25 ℃时，卵期9～14 d，幼螨期4～6 d。若螨期6～9 d，发生1代需19～28 d。日均温度为10～31 ℃时，发生1代需41～48 d。

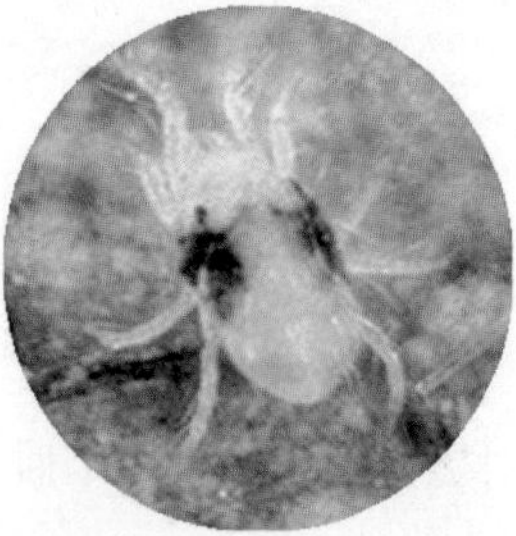

一般在6月中下旬

至7月上中旬为全年危害盛期，以后随气温升高，虫口密度逐渐减小，成螨寿命25 d左右。在5代区，各代成螨盛发期大体为5月下旬，6月中下旬，7月中旬，8月中旬和9月上旬。大发生年或受害重的树，7月中旬前后开始出现越冬卵；发生轻的年份或受害轻的树，于8～9月份产越冬卵。

2.危害症状

果苔螨性极活泼，常往返于叶与果枝间，主要在叶面、果面危害，无吐丝结网习性，行孤雌生殖。夏卵多产在果枝、果台、萼洼和叶柄等处，幼螨孵化后多集中于叶面基部危害，并在叶柄、主脉凹陷处静止脱皮。若螨喜在叶柄和枝条等处静止或脱皮。

该螨刺吸花蕾汁液，造成花蕾干枯，危害花部子房和幼果，引起锈果；刺吸叶片汁液，造成叶片

焦枯脱落，严重时大量落叶，引起“二次开花现象”。

3.防治技术

（1）人工防治

结合诱集其他害虫，秋末在寄主树干束草诱集其冬型雌螨；冬闲时结合防治腐烂病，刮除老翘皮下的冬型雌螨；翻晒根颈周围土层，喷布0.5～1波美度石硫合剂或用无冬型雌螨的新土埋压树干周围地下叶螨，防止其出土上树；清理果园枯枝落叶、土石块，消灭其中的冬型雌成螨。

（2）化学防治

扫利乳油1000倍液、5%增效抗蚜威液剂2000倍液、73%克螨特乳油1000倍液、25%灭螨猛可湿性粉剂1000倍液、1.8%阿维菌素乳油1500倍液，21%灭杀毙乳油1000倍液、2.5%天王星（联苯菊酯）乳油2000倍液、20%双甲脒乳油800～1000倍液、35%卵虫净乳油1500倍液、1.8%爱福丁乳油3000倍液、10%吡虫啉可湿性粉剂1000～1500倍液、50%托尔克可湿性粉剂1500倍液、15%哒螨酮乳油1500倍液、50%溴螨酯800～1000倍液。

三、盲蝽象

盲蝽象又叫盲蝽蟓，主要种类有绿盲蝽象、三点盲蝽象、苜蓿盲蝽象、棉盲蝽蟓等，以绿盲蝽象危害最严重。

1.发生规律

盲蝽象在北方一年发生4～5代，以卵在枯枝、断枝茎髓内以及剪口髓部越冬。第二年4月上旬，日平均气温高于10 ℃，相对湿度在70%左右时，越冬卵开始孵化，4月中下旬为孵化盛期。5月开始危害嫩叶和幼果。5月上旬出现成虫，开始产卵，产卵期长达19～30 d，卵孵化期6～8 d。成虫寿命最长，可达45 d，9月下旬开始产卵越冬。

果树上，绿盲蝽象春季和秋季危害最严重，它们的天敌主要有寄生蜂、草蛉、捕食性蜘蛛，所以，使用药剂也要考虑天敌的因素。

2.危害症状

春季绿盲蝽象的成虫或若虫趋嫩危害，通过刺吸式口器刺伤梨树幼嫩的树叶，吸食里面的汁液，被绿盲蝽象危害后的幼嫩叶一开始是黑褐色的坏死斑，等叶片舒展开之后，坏死斑会形成一个个不规则的孔状。

绿盲蝽象稍微长大以后，在梨树幼果的臀部危害（主要是当时梨树幼果是朝上倒立的），危害后的幼果表皮细胞初期会坏死（刺吸点会泛白沫，坏死细胞），后来会慢慢愈合形成木栓化，果面周围凹凸不平。绿盲蝽象的成虫行动敏捷，速度很快，也能飞翔，白天会隐藏在草丛或树叶下面；早晨、傍晚会爬到叶芽上危害。一头绿盲蝽象一生可刺吸1000多次。

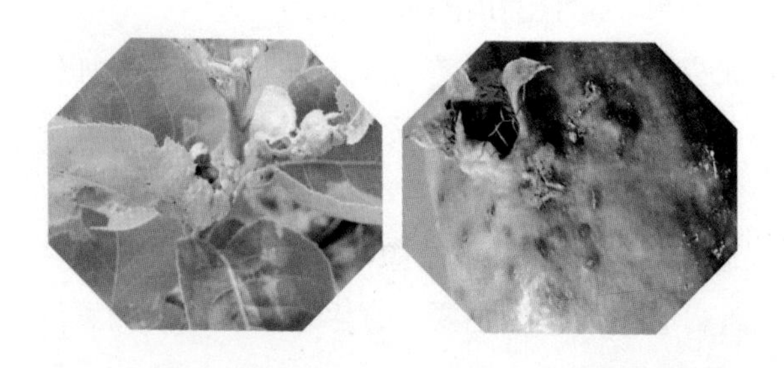

3.防治方法

（1）农业防治

①清园。3月上、中旬前刮除树干及枝杈处的粗皮，剪除树上病残枝、枯枝，并集中烧毁。剪除绿盲蝽象越冬枝芽，及时清除树下杂草、间作物秸秆、枯枝落叶和根蘖。

②清除被害芽梢和幼果。生长期间及时中耕除草，清除绿盲蝽象危害的芽梢、幼果及周边的杂草，减少绿盲蝽象在果树及杂草间的转移。

（2）物理防治

梨树生长期间，在树上悬挂粘板黏附绿盲蝽象或在树干上涂粘虫胶。

（3）生物防治

加强防护林建设，保护利用天敌，在果树行间种植紫花苜蓿或其他绿肥植物，增加天敌数量。避免天敌大发生时使用广谱性杀虫剂。可以在若虫发生期选用植物源农药1%苦参碱可溶性液剂1200～2000倍兑水喷雾，防治梨园绿盲蝽象。

（4）化学防治

根据天气情况，于4月底至5月初、6月中

旬、7月中下旬、8月中旬各代若虫期，下午5:00以后及时喷药防治。可选用10%吡虫啉可湿性粉剂1500～2000倍液、3%啶虫脒水乳剂1500倍液、4.5%高效氯氰菊酯乳油2000～3000倍液等几种杀虫剂交替使用，防治绿盲蝽象。

四、春尺蠖

春尺蠖又称春尺蛾、沙枣尺蠖、杨尺蠖，属鳞翅目尺蛾科，是一种发生期早、食性杂、食量大、发育快、暴发性强的食叶害虫，可危害苹果、梨、枣、杏、核桃、葡萄、杨、柳、榆、槐、桑、沙枣等多种林果树木。低龄幼虫取食幼芽和花蕾，严重影响寄主正常生长；大龄幼虫取食叶片，食量大，常常暴食成灾，短期内可将树叶吃光，导致枝梢干枯、树势衰弱。

1.发生规律

春尺蠖1年发生1代，以蛹在树干基部周围土壤中越夏、越冬。翌年2月中旬，当地表

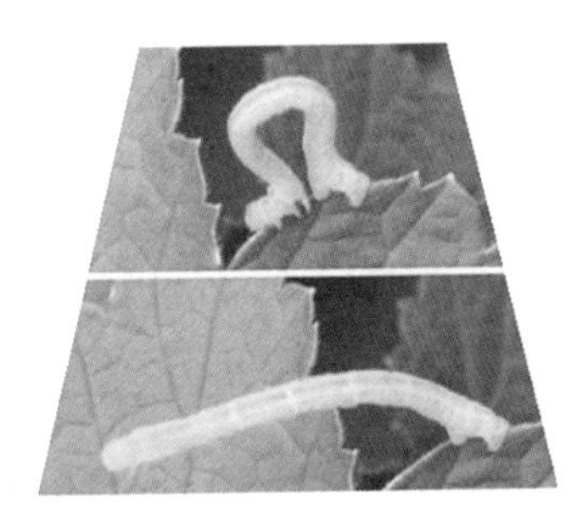

下 3～10 cm 处地温在0 ℃左右时成虫开始羽化出土，羽化高峰期在2月下旬至3月上旬。成虫多在下午或夜间羽化出土，雄成虫有趋光性，白天多潜伏于树干缝隙及枝杈处，夜间交尾。卵始见期在2月下旬，产卵盛期在3月上中旬，卵多产于树干1.5 m以下的树皮缝隙、枯枝、枝杈断裂等处，每雌产卵300余粒。卵期10～15 d，幼虫孵化后分散危害幼芽、幼果及叶片，幼虫期36～43 d，5月上旬幼虫老熟下树入土化蛹后越冬。

2.危害症状

春尺蠖初孵幼虫，取食幼芽、花、叶、果，花蕾被害后引起的伤流致使其不能分离开花。子房幼果被害，产生果面虫疤。幼虫稍大后食量大增，取食叶片，被害叶片残缺不全，危害严重时，整枝叶片全部被食光。

3.防治方法

（1）农业防治

一是土壤封冻前，在距树干1～1.5 m范围内，对树盘周围土壤深翻30～40 cm深，利用冬季低温冻死越冬蛹；二是早春化冻后结合施肥、松土锄草等管理措施，挖出虫蛹喂食家禽，减少虫源。

（2）物理防治

2月上旬至3月上旬，春尺蠖产卵后、孵化前，用小刀或镊子等工具，挖除树皮缝隙、枯枝、枝杈断裂等处的卵块，并集中烧毁，可起到事半功倍的效果。在成虫发生期，一是利用雄成虫的趋光性（雌成虫无翅），用佳多频振式杀虫灯诱杀成虫，灯悬挂高度1～3 m，每隔200 m挂1盏。二是性诱法，每亩挂一个性诱捕器，诱杀雄成虫，性诱芯一般15 d更

换1次。

（3）化学防治

成灾区或遇突发事件应急时，可使用4.5%氯氰菊酯乳油1500～2500倍液、48%乐斯本乳油1500倍液、25%果虫净1000倍液喷雾。

五、地老虎

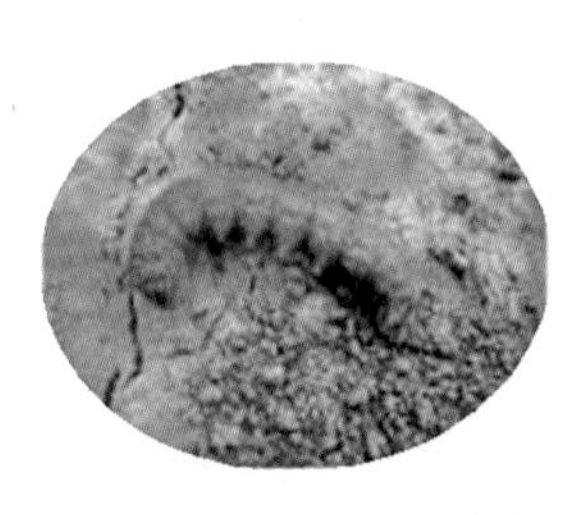

地老虎是昆虫名，属鳞翅目夜蛾科，世界上约有2万种，中国约有1600种。成虫口器发达，是多食性作物害虫。其种类很多，在农业作物上造成危害的有10余种。其中小地老虎、黄地老虎、大地老虎、白边地老虎和警纹地老虎等尤为重要，均以幼虫危害。

1.发生规律

地老虎种类很多，分布广，危害严重，每年发生3～4代，成虫雌蛾产卵300～1000粒，卵经7～10 d孵化为幼虫。幼虫灰褐色，取食嫩叶后体色转变为灰绿色，3龄后钻入土中变成灰色。

2.危害症状

该虫幼虫昼伏夜出，白天潜入根际土壤，晚上爬树取食刚发出的幼叶、嫩叶，一棵树上、树下多则可捕捉几十头幼虫。

3.防治方法

（1）人工捕捉

人工捕捉，绑扎塑膜胶带，下缘涂抹粘虫胶。

（2）农业防治

清除田间及周围杂草，减少地老虎雌蛾产卵的场所，减轻幼虫危害。

（3）物理防治

①灯光诱杀。利用成虫趋光性，在田间安装黑光灯诱杀。

②糖醋液诱杀。红糖6份，白酒1份，醋3份，水10份，90%敌百虫1份，调配均匀，做成诱液装入盆内，放在田间三脚架上，夜间诱

杀成虫，白天将盆取回。每隔2～3 d补加1次诱杀液。

（4）化学防治

在虫龄较大、危害严重的果园，可用50%二嗪农乳油1000～1500倍液灌根。

六、草履蚧

草履蚧属同翅目草履蚧属的一种昆虫。若虫和雌成虫常成堆聚集在芽腋、嫩梢、叶片和枝杆上，吮吸汁液危害，造成植株生长不良，早期落叶。

1.发生规律

一年发生1代。以卵在土中越夏和越冬；翌年1月下旬至2月上旬，在土中开始孵化，能抵御低温，在“大寒”前后的堆雪下也能孵化，但若虫活动迟钝，在地下要停留数日，温度高，停留时间短，天气晴暖时，出土个体明显增多。孵化期要延续1个多月。

2. 危害症状

草履蚧以若虫和雌成虫聚集在腋芽、嫩梢和叶片上，吮吸汁液，造成植株生长不良。

3. 防治方法

（1）农业防治

在雄虫化蛹期、雌虫产卵期，清除附近墙面虫体。

（2）生物防治

保护和利用天敌昆虫，例如红环瓢虫。

（3）药剂防治

孵化开始后40 d左右，可喷施30号机油乳剂30～40倍液；或喷棉油皂液（油脂厂副产品）80倍液，一般洗衣皂也可以，对植物更安全；或喷25%西维因可湿性粉剂400～500倍液，作用快速，对人体安全；或喷5%吡虫啉乳油；或喷50%杀螟松乳油1000倍液。施用

化学药剂时，尽量减少损伤天敌。

七、香梨优斑螟

香梨优斑螟属鳞翅目螟蛾科优斑螟属，是危害梨、苹果、枣、无花果、杏、巴旦杏、桃和杨树等果木的新害虫，幼虫既蛀干又蛀果。

1.发生规律

香梨优斑螟1年发生3代，以老熟幼虫在树干的翘皮、裂缝、树洞中结灰白色长形薄茧越冬，也有在危害蛀食处或苹果、梨的果实内越冬。越冬代幼虫翌年3月下旬开始化蛹，4月上、中旬进入化蛹盛期，羽化盛期在4月下旬。第1、2代成虫羽化高峰分别在6月上、中旬和7月中、下旬。10月份幼虫逐渐进入越冬状态。幼虫蜕皮4次，共5龄，幼虫历期25～40 d。

2.危害症状

其主要危害香梨树枝干和香梨果实。幼虫蛀食香梨等树木的主干、主枝的韧皮部，在韧皮部与木质部之间蛀成不规则的隧道并排满虫粪，可导致腐烂病的入侵，致使树体衰弱，严重时造成死枝、死树。此虫也危害果实，往往与梨小食心虫和苹果蠹蛾混合危害梨和苹果，降低果品的品质与产量。

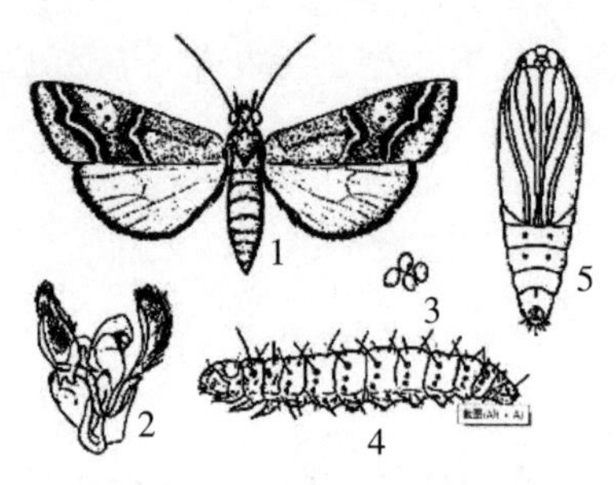

1.成虫 2.雄性外生殖器 3.卵 4.幼虫 5.蛹

香梨优斑螟形态

（1）定植嫁接后2～4年未结果的香梨树

香梨优斑螟幼虫主要蛀食2～3年生主干分枝夹缝处皱皮，每株2～4处，被害株率可达70%～90%，但危害很轻，只是简单蛀食后就离去，此处没有越冬幼虫，但有二斑叶螨等果螨在虫粪中越冬。

（2）香梨树倒扒皮

倒扒皮处腐烂病病斑率达40%～55%，倒扒皮处香梨优斑螟危害率达70%～85%，有越冬幼虫。

（3）树干一圈被蛀食造成香梨树死亡

此种情况，开始结果树可占1%～4%，成年结果树不足1%。快死的树落叶早。

（4）成年结果香梨树

香梨优斑螟幼虫在寄主主干、主枝的韧皮部和木质部之间取食，蛀成不规则的隧道，隧道内充满黄褐色或黑褐色颗粒状粪便；它也蛀果，与梨小食心虫和苹果蠹蛾混合危害香梨等果实，啃食果皮、果肉、果心和种子，是新疆重要的果树食心虫。该虫危害可导致腐烂病菌的入侵，致使树体衰弱，重者死亡。

3.防治方法

此虫的发生、危害程度与寄主树龄、品种、腐烂病等有密切关系。幼虫盛发期用敌敌畏涂治，成虫羽化盛期用糖醋液诱杀，或喷洒氯氰菊酯、功夫等药剂，防治效果显著。

（1）人工防治

人工防治可采用刮翘皮、虫斑和裂缝，摘除树上虫果，及时拾落果深埋的防治措施。

（2）物理防治

在发蛾高峰时增加糖醋液诱瓶密度，利用糖醋液（红糖：醋：酒：水为6：3：1：10）可诱杀大量雌雄成虫。

（3）化学防治

在成虫羽化高峰期可用杀螟松、辛硫磷、乙酰甲胺磷及敌杀死、功夫等拟除虫菊酯类农药防治。药剂涂抹蛀孔毒杀幼虫。香梨园采用5%来相灵乳油1000倍液分别涂抹枝干上的蛀孔，并用塑料薄膜包扎。

八、苹果蠹蛾

苹果蠹蛾是属鳞翅目卷蛾科的一种昆虫，广泛分布于世界6大洲几乎所有的苹果产区，是世界上仁果类果树的毁灭性蛀果害

虫。该虫以幼虫蛀食苹果、梨、杏等的果实，造成大量虫害果，并导致果实成熟前脱落和腐烂，蛀果率普遍在50%以上，严重的可达70%～100%，严重影响了国内外水果的生产和销售。

1.发生规律

该虫在库尔勒地区1年发生1～3代，在伊犁地区完成1代需45～54 d。第1代部分幼虫有滞育现象，这部分个体1年仅完成1代。一般1年可完成2个世代，有的还能发育到第3代。老熟幼虫在开裂老树皮下、断树裂缝、树干分枝处、树干或树根附近的树洞里以及其他有缝隙的地方吐丝做茧越冬。

新疆地区越冬幼虫最早于第2年3月末开始化蛹，至6月下旬结束。成虫一般于4月下旬至5月上旬开始羽化。伊宁地区越冬代成虫羽化盛期在5月下旬，第1代在7月中旬。

2.危害症状

刚孵化的幼虫，先在果面上四处爬行，寻找适当蛀入场所蛀入果内。蛀入时不吞食果皮碎屑，而将其排出蛀孔外。在红花上多数幼虫从果面蛀入；在香梨上从萼洼处蛀入；在杏果上则从梗洼处蛀入。幼虫能蛀入果心，并食害种子。

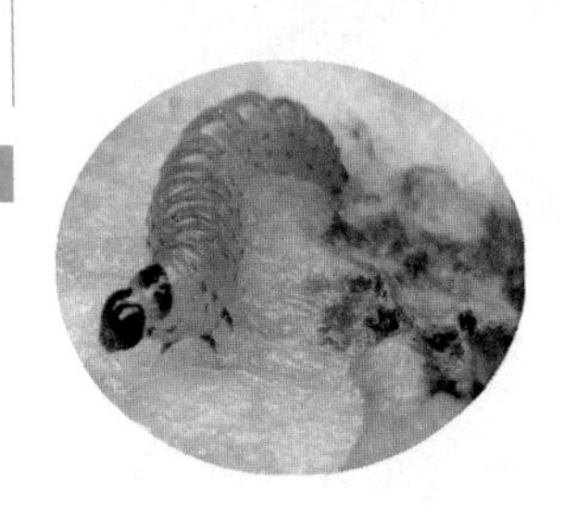

幼虫在苹果和红花内蛀食所排出的粪便和碎屑呈褐色，堆积于蛀孔外。由于虫粪缠以虫丝，危害严重时常见其串挂在果实上。

3.防治方法

（1）农业防治

加强田间管理，随时清除虫果及地面落果；清除果园中废弃箱、废木堆、废弃化肥袋、杂草灌木丛等一切可能为苹果蠹蛾提供越冬场所的设施；利用冬

季果树休眠期及早春发芽之前的时间，刮除果树主干分叉以下的粗皮、翘皮，消灭其中的越冬幼虫。

（2）物理防治

物理防治主要采用频振式杀虫灯诱杀成虫，降低虫口密度进行防治。挂灯时间为每年的4月下旬至9月下旬，杀虫灯的设置密度为15～20亩/盏，成棋盘式或闭环式分布。杀虫灯的安放高度以高出果树的树冠为宜。

（3）化学防治

化学防治主要针对情况比较严重（每周每台诱捕器虫量大于3头或平均蛀果率大于5%）的果园进行，在5月下旬、6月下旬、7月下旬各喷1次；采用10%氯氰菊酯EC 3000倍液、10%天王星EC 6000～8000倍液、10%蚍虫啉可湿性粉剂2000倍液4种药剂进行大田防治，均能收到理想的防治效果。

九、梨小食心虫

梨小食心虫是卷蛾科小食心虫属的一种昆虫。成虫体长5.2～6.8 mm，体色灰褐色，无光泽。

成虫多在白天羽化，昼伏夜出，在晴暖天气上半夜活动较盛，有明显的趋光性和趋化性。越冬代成虫多产卵在叶背上，卵散产；多产卵在果面上，1果多卵，因此后期也常见1果多虫，近成熟的果实着卵量较大。幼虫孵化后，先在产卵附近啮食果皮，然后蛀果，蛀孔部位未见明显规律。

1.发生规律

梨小食心虫1年发生3～4代，以老熟幼虫在树干基部、枝干的裂缝中、苗木嫁接口处或果实仓库及果品包装器材等处结茧越冬。

越冬代幼虫于翌年3月中下旬开始化蛹，4月中旬开始羽化，5月上旬达到羽化高峰。越冬代羽化成虫持续到5月下旬，第1代幼虫于5月开始危害嫩叶和新梢，6月出现幼虫钻蛀树上部果实的现象；6月中旬第1代成虫羽化达到高峰，第2代幼虫于6月下旬开始出现，幼虫继续危害新梢、果实；7月下旬第2代成虫达到羽化高峰，第3代幼虫盛发于8月上旬，主要钻蛀果实；8月下旬出现第3代成虫羽化高峰，第4代幼虫于9月上旬达到危害高峰，幼虫在树干基

部、翘起的老树皮下或果实内等处越冬。

梨小食心虫世代重叠的现象严重，特别是第1代与第2代、第2代与第3代之间。

2.危害症状

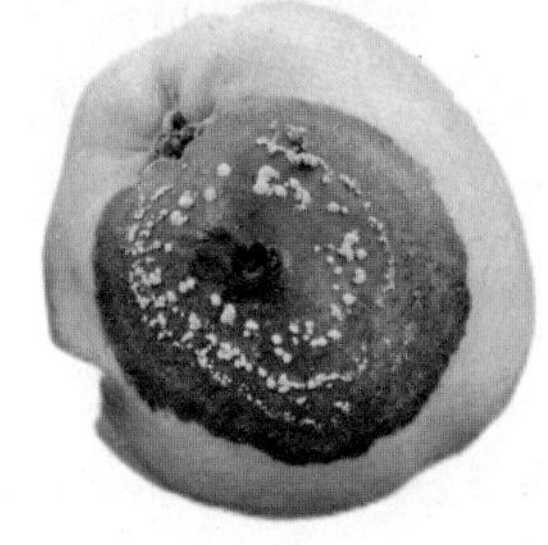

梨小食心虫在果树上主要以幼虫危害果实为主，部分也危害嫩梢、花穗、果穗。

在幼虫期的前期，其主要会对果树树梢处的嫩叶产生危害，后期会危害果树的果实。

大多数情况下，其在幼虫期进入果实中，蛀入果实的果心，最后将其掏空。危害果实时，幼虫先从萼洼和梗洼处蛀入一个孔。幼虫进入蛀孔后，先在果肉浅层危害，将虫粪从蛀孔内排出；蛀孔外围堆积的粪便逐渐变黑、腐烂，形成一块较大的黑疤，俗称“黑膏药”；最后蛀入果心，在果核周围蛀食并排粪于其中，形成“豆沙馅”，造成果实易脱落，不耐贮藏。

3.防治方法

（1）农业防治

梨小食心虫具有转移寄主危害的特性，尽量避免桃、李、杏与梨、苹果混栽。冬季及时清扫果园落叶落果，刮除老翘皮，并集中深埋或烧毁，消灭越冬代幼虫。在幼虫发生初期，要及时剪除被害树梢集中烧毁，及时摘除有虫果集中销毁。果实采收后要进行清园，消灭梨小食心虫虫源。

（2）物理防治

成虫具有趋光性、色觉效应和趋化性，在果园中挂设黑光灯、黄色粘虫板、诱捕器（诱芯为性信息素）或糖醋液加少量敌百虫。脱果前，在树干上绑草堆诱集越冬幼虫，并在春季前集中处理。在果实膨大期，进行整穗套袋，防止梨小食心虫成虫在果上产卵。

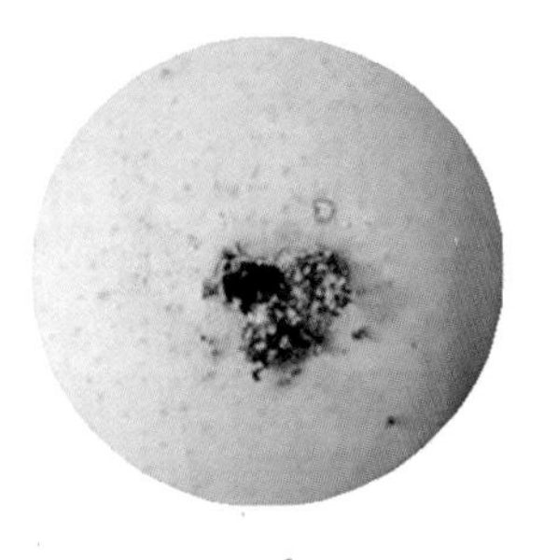

（3）生物防治

梨小食心虫的天敌主要有赤眼蜂、白茧

蜂、黑青金小蜂、寄生蜂、扁股小蜂、姬蜂和白僵菌等。在果园里释放赤眼蜂防治梨小食心虫，卵被寄生率可达40%～60%。在果园里喷白僵菌粉防治越冬幼虫，越冬幼虫被寄生率可达20%～40%；湿度大的果园，根茎土中越冬幼虫被寄生率高达80%以上。

（4）药剂防治

施药时选择晴天的傍晚或全天阴天时进行，用48%乐斯本乳油2000倍液、2.5%三氟氯氰菊醋2000倍液或5%锐劲特SC防治梨小食心虫效果明显。在产卵期和幼虫脱果期，采用喷药20%氟虫双酰胺和20%灭幼脲，能控制梨小食心虫的危害。

十、梨圆蚧

梨圆蚧，又名梨枝圆盾蚧、梨笠圆盾蚧，属盾蚧科笠盾蚧属昆虫。其危害多种果树，枣树受害最重，梨树次之。

1.发生规律

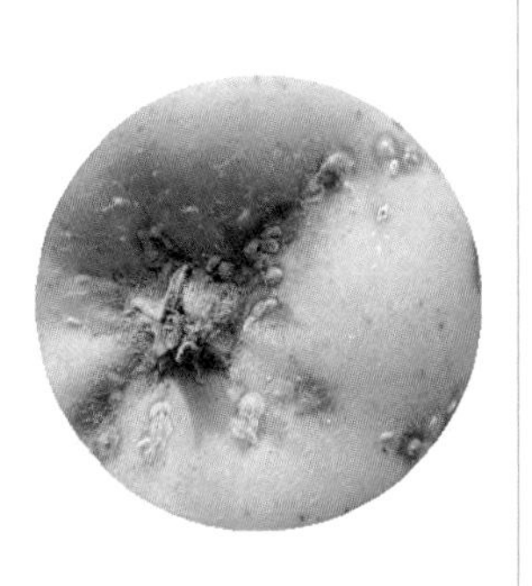

北方2～3代区，5月上旬至6月下旬产仔虫。以雌虫越冬的，5月份产仔，可以完成3代；以若虫越冬的，6月份产仔，可完成2代。产仔期很长，世代重叠，第2代若虫7～8月份发生，第3代若虫9～11月份发生。梨圆蚧每雌产仔70～100头，以第2代繁殖力最强，若虫出壳后即爬行分散。

2.危害症状

其在梨树上主要危害枝条、果实和叶片。枝条上常密集许多蚧虫，被害处呈红色圆斑，严重时皮层爆裂，甚至枯死。果实受害后，在

虫体周围出现一圈红晕，虫多时呈现一片红色，严重时造成果面龟裂，导致商品价值下降。红色果实虫

体下面的果面不能着色，擦去虫体果面出现许多小斑点。梨圆蚧以接穗、苗木、果实携带传播为主。

3.防治方法

梨圆蚧天敌种类很多，有红点唇瓢虫、寄生蜂等十多种。

（1）人工防治

冬季修剪时，剪除介壳虫寄生严重的枝条，集中烧毁。引种及购买苗木时要加强检疫。

（2）生物防治

该虫天敌资源十分丰富，已知有50余种，因此，可采用生物防治。

（3）化学防治

梨树休眠期喷药：花芽开放前，喷5波美度石硫合剂、5%柴油乳油或35%煤焦油乳剂，细致周到的喷雾可收到良好的效果。生长季节喷药：在越冬代成虫产仔期连续喷药，发现开始产仔后6～7 d开始喷药，6 d后再喷1次。药剂种类和浓度：40%乐果乳油1000倍液，20%杀灭菊酯3000倍液，20%菊马乳油1000～2000倍液，95%机油乳油50～60倍液，45%

松脂酸钠可溶性粉剂800～1200倍液。

十一、球坚蚧

球坚蚧属昆虫纲同翅目蚧科，是仁果类和核果类果树害虫，有朝鲜球坚蚧、皱球坚蚧、苹果球坚蚧和吐伦球坚蚧4种。

朝鲜球坚蚧危害李、杏、樱桃、桃、苹果等；皱球坚蚧的寄主较杂，有桃、榆、杨、柳等；苹果球坚蚧的寄主和危害对象以苹果属、樱属、绣绒菊属、梨属植物为主，也危害桃；吐伦球坚蚧的寄主为蔷薇科、虎耳草科、鼠李科植物，在新疆主要危害苹果、梨、桃、杏等。

1.发生规律

4种球坚蚧的生活史和生物学特性相似，每年均发生1代。雌虫的发育过程是：卵—若虫（3龄）—雌成虫；雄虫的发育过程是：卵—若虫（2龄）—前蛹—蛹—雄成虫。其以第2龄若虫于枝干上越冬，次春寄主发芽时开

始取食，于4月末到5月初变为成虫，此时虫体成长迅速，是主要危害期。经交配受精后，第1龄若虫在5月中下旬孵化，然后扩散于叶背、嫩枝上危害，直至秋末蜕皮后在枝干上越冬。

2. 危害症状

其以雌成虫和若虫寄生于枝条上固定并吸食汁液，雌虫球形介壳经常密集累累；寄主因被害而枯死者屡见不鲜，而且该虫可分泌大量蜜露污染枝条。寄主受害后，轻者生长不良，若再引起次生害虫如吉丁虫的危害，以及烟煤病菌的发生，更加速了寄主的死亡。严重者连续被害2～3年后，树势衰弱，造成整枝和树体死亡。

3. 防治方法

球坚蚧主要天敌有黑缘红瓢虫、北京举肢蛾、赖食软蚧蚜小蜂、日本软蚧蚜小蜂、夏威夷软蚧蚜小蜂和球蚧蓝绿跳小蜂等。在若虫初孵阶段施用0.5波美度石灰硫黄合剂、乐果、杀螟松和三硫磷；越冬阶段施用3～5波美度石灰硫黄合剂、松脂合剂或三硫磷与石油乳剂的混合液等药剂；保护和利用天敌以及加强植物检疫，防止虫体随苗木传播等也是其重要防治方法之一。

十二、梨黄粉蚜

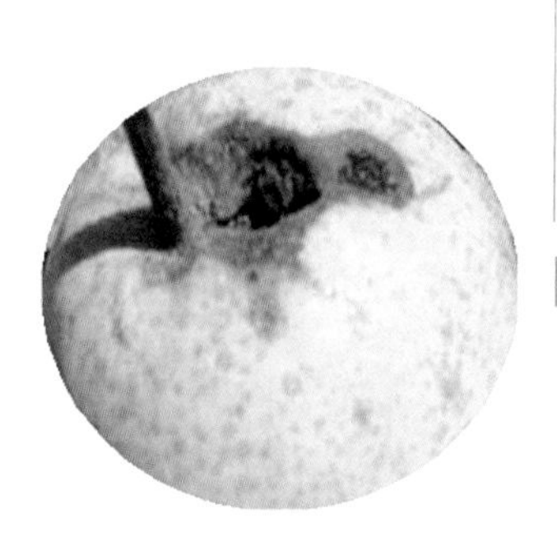

梨黄粉蚜，为同翅目根瘤蚜科梨矮蚜属昆虫，在中国各主要梨产区都有分布。此虫食性单一，目前所知只危害梨，尚无发现其他寄主植物。成虫和若虫群集在果实萼洼处危害繁殖，虫口密度大时，可布满整个果面。受害果萼洼处凹陷，以后变黑腐烂，后期形成龟裂的大黑疤。套袋果经常是果柄周围至胴部受害。

1.发生规律

梨黄粉蚜1年发生10余代，以卵在树皮裂缝或枝干上残附物内越冬。次年梨树开花时卵孵化，若虫先在翘皮或嫩皮处取食危害，以后转移至果实萼洼处危害，并继续产卵繁殖。梨黄粉蚜的生殖方式为孤雌生殖，雌蚜和性蚜都为卵生，生长期干母和普通型成虫产孤雌卵，过冬时性母型成虫孤雌产生雌、雄不同的两种卵，雌、雄蚜交配产卵，以卵过冬。普通型成虫每天最多产10粒卵，一生平均产卵约150粒；性母型成虫每天约产3粒卵，一生约产90粒，雌蚜一生只产一粒卵。

2.危害症状

梨黄粉蚜喜阴忌光，多在背阴处栖息危害，主要危害梨树果实、枝干和果台枝等，叶片很少受害，以成虫、若虫危害。受到梨黄粉蚜危害的梨果产生黄斑并稍下陷，黄斑周缘产生褐色晕圈，最后变为褐色斑，造成果实腐烂。

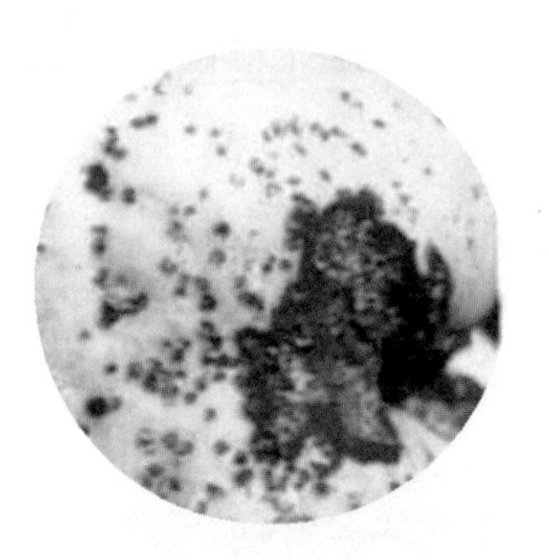

3.防治方法

①在冬、春季刮树皮和翘皮消灭越冬虫卵，也可在梨树萌动前，喷99%机油乳剂100倍液杀灭越冬虫卵。

②在害虫转果危害期喷施药剂进行防治，药剂可用10%烟碱乳油800～1000倍液、3%啶虫脒乳油2000～2500倍液、10%吡虫啉可湿性粉剂2000～3000倍液。

③在梨果套袋时要使用防虫药袋，并于套袋前喷一次杀虫剂。

十三、绣线菊蚜

绣线菊蚜，属半翅目蚜虫科蚜属的一种昆虫，又称苹果黄蚜、苹叶蚜虫，危害苹果、梨、沙果、李、杏等。其在各地均有分布，是果树主要害虫。

1.发生规律

一年生10多代，以卵在枝杈、芽旁及皮缝处越冬。

翌春寄主萌动后越冬卵孵化为干母，4月下旬于芽、嫩梢顶端、新生叶的背面危害10

余天即发育成熟，开始进行孤雌生殖直到秋末，只有最后1代进行两性生殖，无翅产卵雌蚜和有翅雄蚜交配产卵越冬。危害前期因气温低，繁殖慢，多产生无翅孤雌胎生蚜；5月下旬开始出现有翅孤雌胎生蚜，并迁飞扩散；6～7月繁殖最快，枝梢、叶柄、叶背布满蚜虫，是虫口密度迅速增长的危害严重期，致叶片向叶背横卷，叶尖向叶背、叶柄方向弯曲。8～9月雨季虫口密度下降，10～11月产生有性蚜交配产卵，一般初霜前产下的卵均可安全越冬。

2.危害症状

绣线菊蚜具有趋嫩性。多汁的新芽、嫩梢和新叶，其虫的发育与繁殖均快；当群体拥挤、营养条件太差时，则发生数量下降或开始向其他新嫩梢转移分散。因此，苗圃和幼龄果树发生常比成龄树严重。

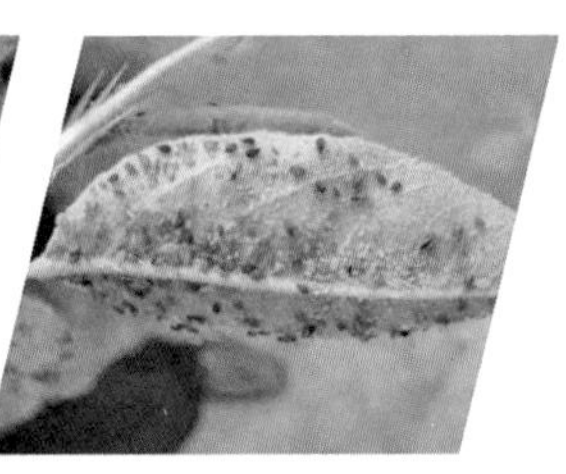

3.防治方法

①冬季结合刮老树皮，进行人工刮卵，消灭越冬卵。

②休眠期结合防治幼虫、红蜘蛛等害虫，喷洒含油量5%的柴油乳剂，对杀越冬卵有较好的效果。

③生长期喷10%吡虫啉可湿性粉剂3000倍液、20%灭扫利8500倍液、2.5%溴氰菊酯8000倍液、3%啶虫脒可湿性粉剂2000倍液。

50%灭蚜松可湿性粉剂或50%避蚜雾可湿性粉剂2000倍液，对蚜虫有特效。

十四、梨茎蜂

梨茎蜂俗称折梢虫、剪枝虫、剪头虫，属膜翅目茎蜂科。

梨茎蜂分布在中国各梨产区，是梨树主要害虫之一，主要危害梨，也危害海棠等。

1.发生规律

一年发生1代，以老熟幼虫在被害枝橛下二年生小枝内越冬。翌年3月中下旬化蛹，梨树花期时成虫羽化。成虫在晴朗天气10：00～13：00之间活跃，飞翔、交尾和产卵。

当新梢长至5～8 cm，即4月上中旬开始产卵。产卵前先用锯状产卵器在新梢下部留3～4 cm处，将上部嫩梢锯断，但一边皮层不断，断梢暂时不落，萎蔫干枯，成虫在锯断处下部小橛2～3 mm的皮层与木质部之间产1粒卵，然后再将小橛上一两片叶锯掉。成虫产卵危害期很短，前后仅10 d左右。卵期1周，个体产卵量30～50粒。幼虫孵化后向下蛀食，受害嫩枝渐变黑干枯，内充满虫粪。5月下旬以后蛀入二年生小枝继续取食，幼虫者熟调转身体，头部向上作膜状薄茧进入休眠，10月份以后越冬。

2.危害症状

新梢生长至6～7 cm时，上部被成虫折断，下部留2～3 cm短橛。在折断的梢下部有一黑色伤痕，内有卵1粒。幼虫在短橛内食害。

3.防治方法

①梨树落花期，成虫喜聚集，易于发现，在清晨其不活动时及时振落捕杀。

②落花后及时喷药剂。常用药剂有：50%

对硫磷乳油，90%敌百虫1500倍液；40%氧乐果乳油1000倍液防治梨蚜时兼治此虫害。

③幼虫危害的断梢脱落前易于发现，及时剪掉下部短橛。冬季修剪时，注意剪掉干橛内的老熟幼虫。

十五、中国梨木虱

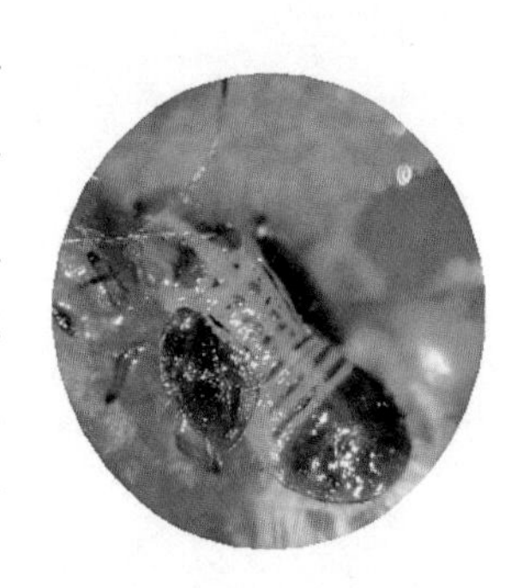

中国梨木虱是节肢动物门有颚亚门六足总纲昆虫纲有翅亚纲同翅目木虱亚目木虱科的一种。该害虫为中国梨产区的主要优势种群，分布于辽宁、河北、山东、内蒙古、山西、宁夏、陕西等地。其主要危害梨树的叶片、果实和枝条的幼嫩部分，使树势衰弱，严重者造成大面积梨树早期落叶，直接影响梨树的生长发育及果品产量和质量。

1.发生规律

一年发生4～5代地区，越冬代成虫在3月上中旬梨树花芽萌动时开始活动，4月初为越冬代成虫产卵盛期。4月下旬至5月初为第一代若虫盛发期。浙江越冬代成虫在2月中下旬开始活动，在3月上旬梨树花芽萌动时最多（越冬成虫出蛰盛期），4月上旬开始孵化，4月中下旬为孵化盛期。各代成虫出现期：第一代5月上旬至6月中旬，第二代6月上旬至7月中旬，第三代7月上旬至8月下旬，第四代8月上旬开始发生，9月中下旬出现第五代成虫，全为冬型。

2.危害症状

该虫常群集危害梨树的嫩芽、新梢和花蕾。春季成、若虫多集中于新梢、叶柄危害，夏秋季则多在叶背吸食危害。成虫及若虫吸食芽、叶及嫩梢，受害叶片叶脉扭曲，叶面皱缩，产生枯斑，并逐渐变黑，提早脱落。若虫在叶片上分泌大量黏液，常使叶片粘在一起或粘在果实上，诱发煤烟病，污染叶和果面。

3.防治方法

（1）人工防治

冬季清园，秋末早春刮除老树皮，清理残枝、落叶及杂草，集中烧毁或深埋，同时树冠枝芽、地面全面喷3～5波美度石硫合剂，消灭越冬成虫。9月下旬在树干上缠草把，诱杀越冬成虫，严冬来临前全园灌水，可大大减少越冬虫口数。

（2）生物防治

保护利用天敌。中国梨木虱的天敌有：花蝽、草蛉、瓢虫、寄生蜂等，以寄生蜂控制作用最大，卵自然寄生率达50%以上。应避免在天敌发生盛期施用广谱性杀虫剂。

（3）化学防治

药剂防治重点抓好越冬成虫出蛰期和第一代若虫孵化盛期喷药。药剂可选用25%阿克泰

5000～6000倍液，或10%吡虫啉可湿性粉剂1500～2000倍液，5%啶虫脒可溶性粉剂2500～3000倍液，52.25%农地乐乳油1500～2 000倍液。另外，第一代若虫发生比较整齐，此时喷布50%久效磷3000倍液或1000倍液，也可收到很好的防效。

十五、梨绵粉蚧

梨绵粉蚧属同翅目粉蚧科，俗称苹果绵粉蚧、栎树绵粉蚧，常常危害苹果、梨、李、沙果等蔷薇科的乔灌木。

1.发生规律

该虫喜荫蔽潮湿，因此套袋鸭梨常受害较重。该虫为刺吸式口器，主要以卵在枝干缝隙、剪锯口、翘皮下或根际周围的杂草、土块、落叶等隐蔽处越冬。翌年春季梨树发芽时越冬卵孵化，初孵若虫爬到枝、芽、叶等细嫩部分产生危害。

5月中下旬为第一代若虫发生盛期，大部分在树膛内部，离越冬场所较近处危害，只要发现树缝或剪锯口处有白色棉絮物，就近袋内可找到入袋害虫。另2代若虫集中发生期分别在7月中下旬、8月下旬。

2.危害症状

梨绵粉蚧以若虫和雌虫成虫吸食嫩芽、嫩叶、果实、枝干及根部的汁液，危害嫩枝和根部，被害处常肿胀，可削弱树势，严重时会造成树皮纵裂而枯死；喜荫蔽，一般隐藏在枝干翘皮下、伤口处危害，吸食树液。近年来其发生数量逐渐上升，开始危害嫩枝和果实，特别是虫体群集在香梨果萼部及萼洼内，难以清理，造成虫果，降低品质，更有甚者，该虫可钻入果心内产卵、取食，给香梨出口加工带来困难。

3.防治方法

①果实采收后及时清理果园，将枯枝、落叶、废弃袋、杂草和病虫果等集中烧毁或深埋。早春精细刮树皮，刮除老翘皮、病皮等，集中烧毁或深埋，消灭越冬卵虫源。

②香梨花序伸长期，3月下旬用5波美度石硫合剂加90%敌百虫晶体1000倍液（现用现配）喷淋喷透树体，重点是枝干，消灭越冬虫源，降低卵的基数。

③6月上中旬喷施48%乐斯本乳油1000倍液，8月上中旬喷施25%扑虱灵可湿性粉剂1000倍液。

十六、花潜金龟子

昆虫名，其为鞘翅目花金龟科。寄主除柑橘外，还有葡萄、林木、蔬菜、花卉等多种植物。

1.发生规律

花潜金龟子每年发生1代，以幼虫在土中越冬。在广西，越冬幼虫于3月中下旬前后化蛹，稍后羽化为成虫，4月中旬至5月上旬是成虫活动危害盛期。成虫飞翔力较强，多在白天活动，尤以晴天最为活跃。该虫有群集和假死习性。

2.危害症状

日夜均可危害，但以上午10时至下午4时危害最烈。常咬食花瓣，舔食子房，影响受精和结果，也可啃食幼果表面，留下伤痕。成虫喜在土中、落叶、草地和草堆等有腐殖质处产卵，幼虫在土中生活并取食腐殖质和寄主植物的幼根。

3.防治方法

（1）诱杀

花期不宜用药，成虫有明显的趋光性，可设置黑光灯或频振式杀虫灯在夜间诱杀。根据其群集的习性，也可用瓶口稍大的浅色透明玻璃瓶，洗净后，用绳子系住瓶颈，挂在树上，使瓶口与树枝距离在2 cm左右，并捉2～3头活金龟子放入瓶中。果园中的金龟子便会陆续飞过来，钻进瓶中，而进去后就不能出来。一般可隔3～4株挂1只瓶。在金龟子快钻满瓶子时取下瓶子，用热水烫死金龟子后倒出，瓶子

清洗后重新使用。也可在瓶底放2～3个腐熟的果实，加少许糖蜜，挂在树上。悬挂时瓶口要与枝干相贴。金龟子成虫闻到腐果与糖蜜的气味后会爬入瓶中，但不能出来，要及时进行人工处理。

（2）捕杀成虫

成虫具有假死性，可在树冠下铺旧布，也可放一加有少许煤油或洗衣粉的水盆，振动树枝，收集落下的金龟子，集中处理。捕杀成虫以清晨或傍晚为佳。

（3）冬耕土壤

在冬季翻耕果园土壤，可杀死土中幼虫和成虫。如结合撒施辛硫磷（每公顷3.5～4 kg），效果更佳。

（4）养鸡

鸡可捕食金龟子，对防治此虫害也有明显效果。

附件

图木舒克市密植香梨标准化栽培技术规程

1 范围

本标准规定了新疆生产建设兵团三师图木舒克市标准香梨园园地选择、栽植、土肥水管理、整形修剪、花果管理、病虫害防治、果实采收、采后处理等生产技术。

2 规范性引用文件

下列文件对于本文件的应用是必不可少的。凡是注日期的版本适用于本文件。凡是不注日期的引用文件，其最新版本（包括所有的修改单）适用于本文件。

GB/T 10650 鲜梨

NY/T 442—2013 梨生产技术规程

NY/T 5010—2016 无公害农产品种植业产地环境条件

NY/T 1198 梨贮运技术规范

NY/T 1778—2009 新鲜水果包装标识通则

3 术语和定义

3.1 乔化密植

采用乔化砧木，行距≤5 m，株距≤4 m，栽植密度≥33 株/亩的栽培模式。

3.2 授粉品种

为确保主栽品种有较高坐果率而为其配置提供花粉的品种，称为授粉品种。

3.3 清耕制

梨园全年保持土壤疏松和无草状态的耕作制度。

3.4 生草制

梨园在整个生长期，保留浅草或套种绿肥的耕作制度。

4 园地选择

4.1 气候条件

园地选择时应执行中华人民共和国农业行业标准 NY/T 442—2013，即：年平均气温为 8.5～14 ℃，1月平均气温为-9～-3 ℃。

4.2 土壤条件

以土壤肥沃、有机质含量在1.0%以上的沙质壤土为宜，土层厚度1 m以上，地下水位在1.5 m以下，土壤pH值低于8.5，总盐量在0.3%以下。

4.3 产地环境

梨园产地环境应符合NY/T 5010—2016无公害农产品种植业产地环境条件。

4.4 建立防护体系

每个标准园四周林、渠、路、电等要配套。防护林占果园面积的比例为10%；林相整齐、林木生长良好，四周防护林达到85%以上；渠道实现防渗化，道路实现硬质化，电实现园园通。

5 栽植

5.1 栽植时期

以土壤解冻后至果树萌芽前（三月下旬至四月初）进行栽植，也可在十月下旬至十一月进行秋栽，秋栽时要避开大风、低温天气，注意保护幼树根系，免受冻害。

5.2 行向

行向根据地势和土地方位而定，以南北行

向为宜。

5.3　栽植密度

株距1～1.5 m，行距4 m，栽植密度以110～167株/亩为宜，可根据树龄逐步调整到合适密度。

5.4　栽植穴

栽植前在定植点处挖栽植坑，栽植坑规格以直径不小于0.6 m，深度不小于0.6 m为宜。

5.5　栽植基肥

栽植时每栽植穴施有机肥10～15 kg，磷素化肥0.2 kg或腐熟油渣0.5 kg左右，施肥前在栽植穴旁与等量表土拌匀备用，以免烧根。

5.6　苗木选择

5.6.1　砧木

用杜梨作砧木。

5.6.2　苗木准备及栽前处理

苗木规格选择一级嫁接苗或实生苗，栽植前对苗木根系进行修整，剪除干枯、劈裂伤残部分，并用水浸泡24 h。

5.7　授粉树配置

授粉树品种以砀山梨、鸭梨为主，授粉树与主栽品种采用东西向和南北向中间隔两行，在第三行交叉处配置的方法，主栽品种与授粉品种比例以8∶1（若授粉品种果实价值高，可缩小比例，最低不能低于4∶1）为宜，且同一梨园需栽植2个以上授粉品种。

6 整形修剪

6.1 嫁接

若用香梨嫁接苗栽植，定植后，于萌芽前在饱满芽处定干，剪口下的芽应朝东北方向（当地主风向）。若用杜梨实生苗栽植，成活后当年秋季至翌年春季嫁接香梨品种，嫁接时也要注意接在东北方向一侧。

6.2 树形

树体整形采用改良纺锤形，干高0.8～0.9 m，树高3.2 m左右（以行距的80%为最佳）。树形为强主杆弱枝组，中干与枝组粗度比为3∶1，主干上直接培养螺旋向上形成25个左右结果枝组，同侧结果枝组上下间距控制在0.25 m，长度控制在80 cm以内，基角70°～80°。

6.3 第一年整形修剪

定植后在主干距离地面60 cm以上和顶部30 cm以下刻芽，采取逢芽必刻方式，在芽上方用小锯条划伤木质部，刻芽时间为春分前后，树液流动前。修剪以疏、放、拉为主，去大留小，及早疏除粗度大于中干1/3的结果枝组，疏除时留马耳状剪口，以促进新枝从下部萌发，减少开基角用工量，保证单轴延伸。在侧枝长度达到20～30 cm时用牙签或开角器打开夹角。

6.4 第二年整形修剪

在中心干分枝不足处继续进行刻芽和涂抹发枝素，促发新枝，疏除第一侧枝以下萌发的新枝，出现开花枝条要将花序全部疏除，保留果台副梢。对于萌发的新枝，当长至25～30 cm时要及时打开基角至70°～80°。

6.5 第三年整形修剪

第三年继续进行树体整形，培养结果枝组达到25～30个；结果枝组单轴延伸，以缓放为主，尽量不短截和回缩，疏除直立枝、竞争枝。

6.6 第四年以后整形修剪

第四年以后整形修剪要注意促干控枝，对于强旺枝难以控制时，要从基部马耳形疏除，以培养中小枝组，每年每棵树最多疏除3个结果枝组，对尚有空间的结果枝组要进行环切1～2刀以控制其长势。

7 土肥水管理

7.1 土壤管理

7.1.1 深翻改土

秋季落叶后至开春前，结合施肥果树根区向外深翻，回填时混以有机肥，充分灌水，增加果园土壤孔隙度和有机质。

7.1.2 树盘覆盖

在树盘内提倡黑地膜、无纺地布或秸秆覆盖土地，以利于增温保墒、抑制杂草生长、增加土壤有机质含量，覆盖时需零星压土，以免风吹。

7.1.3 行间生草

行间提倡间作高羊茅、多年生黑麦草、油莎豆等浅根绿肥作物，培肥地力。定期刈割(留茬10～15 cm)，覆盖于树盘或翻压入土壤。

7.2 施肥技术

7.2.1 基肥

(1) 施肥原则

根据土壤地力和梨园目标产量确定施肥量。氮肥以前轻后重为主，磷肥以基施为主，钾肥则侧重后期追施，重视有机肥的投入。

（2）施肥量

初果期果园每亩施入农家肥1～2 t，化肥基肥用量按照树龄确定，1年生每亩施纯氮5 kg（折合尿素11 kg）、纯磷5 kg（折合过磷酸钙33 kg）、纯钾5 kg（折合硫酸钾10 kg）；可以根据树龄的增加逐年增加施肥量。

盛果期果园农家肥的使用量可根据目标产量确定，按照产1 kg果施1 kg农家肥的原则进行施肥。化肥用量可按照氮、磷、钾肥2∶1∶2进行总量控制，基肥按照全年氮、磷、钾肥施肥量的50%、100%、30%施入。根据香梨需肥规律，每生产100 kg香梨，需基施纯氮0.35～0.5 kg（折合尿素0.8～1.1 kg）、纯磷0.3～0.6 kg（折合15%过磷酸钙2.0～4.0 kg）、纯钾0.18～0.33 kg（折合硫酸钾0.36～0.66 kg）。硼肥3～5 kg，可加入适量锌肥。

（3）施肥方式

行间开沟施入，深度40～60 cm。

（4）施肥时间

果实采收后的8月底至9月中旬。

7.2.2　追肥

（1）施肥量

初果期化肥追肥用量按照树龄确定，1年

生每亩施纯氮5 kg（折合尿素11 kg）、纯磷5 kg（折合过磷酸钙33 kg）、纯钾5 kg（折合硫酸钾10 kg）；根据树龄的增加逐年增加施肥量，两个关键施肥时期各施肥一半。

盛果期追肥量按照每生产100 kg香梨追施纯氮0.35～0.5 kg（折合尿素0.8～1.1 kg）、纯钾0.42～0.77 kg（折合硫酸钾0.84～1.54 kg）。根据施肥原则，在不同的需肥时期施入，在果实膨大期尽量采用少量多次的原则。

（2）施肥方式

在树冠下机械开沟5～10 cm。

（3）施肥时间

初果期果园追肥最佳时期为萌芽前后和花芽分化期（6月中旬）。盛果期追肥的最佳时期为开花前后和果实膨大期。

7.2.3 叶面肥

叶面施肥主要以喷施硼肥和锌肥为主，根据果树缺素情况补施叶面肥，要加强落叶前氮肥的喷施，以促进果树提早落叶。

7.3 灌水技术

7.3.1 灌水

花前、花后和果实膨大期灌水。整个生长期灌水4～6次，注意萌芽水、花后水、催果水、冬前水4次关键灌水。提倡采用滴灌、微喷灌等节水灌溉措施。

7.3.2　控水

5月中下旬控水，延长灌水间隔时间，控制新梢生长，促进花芽分化。8月中旬停水，促使当年生新梢老化成熟，以便顺利越冬。

8　花果管理

8.1　授粉

8.1.1　授粉的最佳时间

以当天上午9:00—11:00为最佳时间，可根据实际情况提早或推迟1～2 h。

8.1.2　花粉准备

花粉选择适宜香梨的授粉品种，如鸭梨、砀山梨等品种。

8.1.3　人工点授

可选用小毛笔、棉签等点授工具蘸取少量花粉（用淀粉或滑石粉稀释1～3倍）对初开的小花进行点授，每个花序点授1～2朵花。

8.1.4　器械喷粉

将花粉稀释10～20倍（滑石粉或淀粉），用授粉器快速均匀喷授。

8.1.5　液体喷粉

将花粉稀释10～20倍（水），用喷雾器在最佳授粉时间喷授。

8.1.6　梨园放蜂

每5亩地放1箱蜜蜂。

8.1.7　高接花枝

在授粉树配置不合理的梨园，在2月中下旬，采取切接方法在每棵树东北方向（当地主风向）接一个花枝。

8.2　花期喷肥

花期喷0.2%的硼酸溶液、0.3%的尿素、0.3%的磷酸二氢钾两次。

8.3　疏花

在花序分离期至盛花期，将中心花疏去，留边花，每花序最多留两朵花，以控制单株负载量。

8.4　疏果

每花序留果不超过两个，树冠上部及外围、强旺枝上以留双果为主，其他部位以留单果为主，双果率不超过30%。保留的香梨应该是果形端正、果面光洁、无伤疤、无虫果。

9 病虫害防治

9.1 病虫害统防统治

应用杀虫灯、性诱剂和粘虫色板等物理措施，广泛使用无公害、绿色化学农药，进行防治；严禁使用限用农药。

9.2 病害防治

9.2.1 梨树腐烂病防治

结合冬剪，将枯梢、病果台、干桩、病剪口等病组织剪除，减少浸染源。早春、夏季刮治病斑，用药剂涂抹病部和伤口，防止其扩展蔓延。用3～5波美度石硫合剂，9281制剂100倍液，5%菌毒清100倍液，30%腐烂敌100倍液，腐必清100倍液喷施。

9.2.2 梨轮斑病防治

清除落叶，加强水肥管理，合理修剪，适当疏花疏果，保持树势旺盛，内膛通风透光。萌芽时喷洒药剂预防，如80%代森锰锌可湿性粉剂700倍液、50%多菌灵可湿性粉剂800倍液等。

9.2.3 梨黑星病防治

清除落叶，及早摘除发病花序以及病芽、病梢，保持树势旺盛、合理修剪，保持树体内膛通风透光，都可有效防止黑心病的发生。梨树萌芽前淋洗式喷洒1～3波美度石硫合剂或在梨芽膨大期用0.1%～0.2%代森铵溶液喷洒枝条可有效灭菌。花前和落花后及幼果期是防治该病的关键时期，可用33%代森锰锌·三唑酮可湿性粉剂800～1200倍液或0.3%苦参碱水剂600～800倍液防治。

9.3 虫害防治

9.3.1 苹果蠹蛾

在幼虫脱果期，用柴草、麻袋片或胶带缠绕果树主干，并定期清理，4～9月可挂置性诱剂诱捕器，监测及诱杀成虫。8月后及时摘除树上虫果，捡拾地下落果，集中处理或深埋。化学防治在5月中旬至6月中旬和7月中旬至8月上旬，用4.5%高效氯氰菊酯乳油1500倍液、2.5%溴氰菊酯乳油2500倍液或25 g/L联苯菊酯乳油1000倍液交替喷施。

9.3.2 梨小食心虫

春季刮老翘皮，刮下的树皮集中烧毁。同时清理果园的枯枝落叶和落地果实，集中深埋。人工摘除虫果，剪除被害虫梢。在越冬代成虫羽化前，在田间均匀悬挂梨小食心虫性诱剂或糖醋液诱杀，配方为白酒：醋：糖：水=

1∶3∶6∶10。在关键期用药物防治，如4.5%高效氯氰菊酯乳油2000～3000倍液，1.8%阿维菌素乳油2000～4000倍液。

9.3.3　梨茎蜂

冬季剪除幼虫危害的枯枝，春季成虫产卵后，剪除被害梢，以杀死卵或幼虫。在梨园悬挂黄板，诱杀梨茎蜂。在4月上旬梨茎蜂危害高峰期前，选用敌杀死2000倍液，2.5%氯氟氰菊酯乳油1000～2000倍液，2.5%溴氰菊酯乳油1500～2000倍液均匀喷雾杀虫。

9.3.4　梨木虱

早春注意清园以消灭越冬成虫，压低虫口密度。在2月底至3月初和5月下旬至6月上旬两个关键防治时期，用10%吡虫啉可湿性粉剂2000～2500倍液，0.3%虱螨特乳油2000～2500倍液，2.5%溴氰菊酯乳油1500～2000倍液进行化学防治。

9.3.5　梨圆蚧

在梨园最初点片发生时，剪掉发生严重的枝条，或用刷子刷死成虫、若虫。化学防治用40%速扑杀1000倍液、20%蚧霸2000倍液、95%蚧螨灵（机油乳剂）100～200倍液、99.1%加德士敌死虫200～300倍液等药剂。

9.3.6　害螨类

8月中下旬树干束绒毡片或其他棉织物诱集成螨越冬，翌年2月底前解除束片，并进行灭虫处理。梨树落叶后树干涂白，用石硫合剂原液细致涂刷枝干。化学防治使用20%螨死净乳剂2000～3000倍液、5%尼索朗乳油2000倍液、5%霸螨灵悬乳剂2000～3000倍液、1.8%阿维菌素乳油4000倍液喷施。

9.3.7　康氏粉蚧

结合清园，刮除老翘皮，清理病虫果、残叶，压低越冬基数，春季萌芽前喷5波美度的石硫合剂消灭越冬的卵和幼虫，降低越冬基数。在5月上旬和6月上旬，可选用10%吡虫啉2000倍液或5%啶虫脒2000倍液灭杀。

10　果实采收及采后处理

10.1　果实采收

果实采收要求按NY/T 1198的规定执行。

10.2　采后处理

分级按GB/T 10650的规定执行；包装标识应符合NY/T 1778的规定；贮藏和运输按NY/T 1198的规定执行。

参考文献

[1]张玉星.果树栽培学各论[M].北京：中国农业出版社，2005.

[2]张绍铃.梨学[M].北京：中国农业出版社，2013.

[3]李秀根，张绍铃.中国梨树志[M].北京：中国农业出版社，2020.

[4]曹玉芬，张绍铃.中国梨遗传资源[M].北京：中国农业出版社，2020.

[5]曹玉芬，李树玲，黄礼森，等.我国梨种质资源研究概况及优良种质的综合评价[J].中国果树，2000（4）：42-44.

[6]杨健.梨树细长圆柱形树形的培育与整形修剪技术图解[J].果农之友，2016（9）：24-26.

[7]张鹏.梨树整形修剪图解[M].北京：金盾出版社，2000.

[8]于新刚.梨树四季修剪图解[M].北京：化学工业出版社，2019.

[9]丁海平，郗荣庭.果树施肥新概念——平衡配方施肥[J].河北果树，1998（S1）：18-22.

[10]姜远茂，彭福田，巨晓棠.果树施肥新技术[M].北京：中国农业出版社，2002.

[11]王江柱，王勤英，仇贵生.现代落叶果树病虫害诊断与防控原色图鉴[M].北京：化学工业出版社，2018.

[12]王江柱，仇贵生.梨病虫害诊断与防治图谱[M].北京：金盾出版社，2015.

[13]王江柱，仇贵生.梨病虫害诊断与防控原色图鉴[M].北京：化学工业出版社，2018.

[14]张青文，刘小侠.梨园害虫综合防控技术[M].北京：中国农业出版社，2006.